1+X 职业技能鉴定考核指导手册

钻石检验员

四级

编审委员会

主　　任　仇朝东

委　　员　葛恒双　顾卫东　宋志宏　杨武星　孙兴旺
　　　　　刘汉成　葛　玮

执行委员　孙兴旺　张鸿樑　李　晔　瞿伟洁

中国劳动社会保障出版社

图书在版编目(CIP)数据

钻石检验员：四级/上海市职业培训研究发展中心组织编写．—北京：中国劳动社会保障出版社，2010

1+X 职业技能鉴定考核指导手册

ISBN 978-7-5045-8555-4

Ⅰ.①钻…　Ⅱ.①上…　Ⅲ.①金刚石-质量检验-职业技能鉴定-自学参考资料　Ⅳ.①TS934.3

中国版本图书馆 CIP 数据核字(2010)第 167547 号

中国劳动社会保障出版社出版发行

（北京市惠新东街 1 号　邮政编码：100029）

出 版 人：张梦欣

*

北京市艺辉印刷有限公司印刷装订　新华书店经销

787 毫米×960 毫米　16 开本　9.25 印张　149 千字

2010 年 9 月第 1 版　　2010 年 9 月第 1 次印刷

定价：16.00 元

读者服务部电话：010-64929211/64921644/84643933

发行部电话：010-64961894

出版社网址：http://www.class.com.cn

前 言

职业资格证书制度的推行，对广大劳动者系统地学习相关职业的知识和技能，提高就业能力、工作能力和职业转换能力有着重要的作用和意义，也为企业合理用工以及劳动者自主择业提供了依据。

随着我国科技进步、产业结构调整以及市场经济的不断发展，特别是加入世界贸易组织以后，各种新兴职业不断涌现，传统职业的知识和技术也愈来愈多地融进当代新知识、新技术、新工艺的内容。为适应新形势的发展，优化劳动力素质，上海市人力资源和社会保障局在提升职业标准、完善技能鉴定方面做了积极的探索和尝试，推出了1＋X培训鉴定模式。1＋X中的1代表国家职业标准，X是为适应上海市经济发展的需要，对职业标准进行的提升，包括了对职业的部分知识和技能要求进行的扩充和更新。上海市1＋X的培训鉴定模式，得到了国家人力资源和社会保障部的肯定。

为配合上海市开展的1＋X培训与鉴定考核的需要，使广大职业培训鉴定领域专家以及参加职业培训鉴定的考生对考核内容和具体考核要求有一个全面的了解，人力资源和社会保障部教材办公室、中国就业培训技术指导中心上海分中心、上海市职业培训研究发展中心联合组织有关方面的专家、技术人员共同编写了《1＋X职业技能鉴定考核指导手册》。该手册由“理论知识复习题”“操作技能复习题”和“理论知识模拟试卷及操作技能模拟试卷”三大块内容组成，书中介绍了题库的命题依据、试卷结构和题型题量，同时从上海市1+X鉴定题库中抽取部分理论知识题、操作技能试题和模拟样卷供考生参考和练习，便于考生能够有针对性地进行考前复习准备。今后我们会随着国家职业标准以及鉴定题库的提升，逐步对手册内容进行补充和完善。

本系列手册在编写过程中，得到了有关专家和技术人员的大力支持，在此一并表示感谢。

由于时间仓促，缺乏经验，如有不足之处，恳请各使用单位和个人提出宝贵意见和建议。

1+X职业技能鉴定考核指导手册

编审委员会

目 录

CONTENTS 1+X职业技能鉴定考核指导手册

钻石检验员（师）职业简介

一、职业名称

钻石检验员（师）。

二、职业定义

用抽样或全数检验方式，对钻石（含原石）的真伪、加工质量及品质分级进行检验和评价的人员。

三、主要工作内容

从事的工作主要包括：(1）检验工具、仪器及标样的配备与使用；(2）钻石真伪鉴别；(3）钻石的分级检验与品质评价；(4）钻石切磨工艺设计与加工质量评价；(5）检验过程中的常规技术管理。

第1部分

钻石检验员（四级）鉴定方案

一、鉴定方式

钻石检验员（四级）的鉴定方式分为理论知识考试和操作技能考核。理论知识考试采用闭卷计算机机考方式，操作技能考核采用现场实际操作及笔试方式。理论知识考试和操作技能考核均实行百分制，成绩皆达 60 分及以上者为合格。理论知识或操作技能不及格者可按规定分别补考。

二、理论知识考试方案（考试时间 90 min）

题库参数 题型	考试方式	鉴定题量	分值（分/题）	配分（分）
判断题	闭卷机考	60	0.5	30
单项选择题		140	0.5	70
小计	—	200	—	100

三、操作技能考核方案

考核项目表

<table>
<tr><td colspan="2">职业（工种）名称</td><td colspan="2">钻石检验员</td><td rowspan="2">等级</td><td colspan="3" rowspan="2">四级</td></tr>
<tr><td colspan="2">职业代码</td><td colspan="2"></td></tr>
<tr><td>序号</td><td>项目名称</td><td>单元编号</td><td>单元内容</td><td>考核方式</td><td>选考方法</td><td>考核时间（min）</td><td>配分</td></tr>
<tr><td rowspan="2">1</td><td rowspan="2">钻石真伪鉴别</td><td>1</td><td>对仿钻样品进行鉴别</td><td>操作/笔试</td><td>必考</td><td>20（10×2）</td><td>12（6×2）</td></tr>
<tr><td>2</td><td>对钻石样品进行鉴别</td><td>操作/笔试</td><td>必考</td><td>30（10×3）</td><td>18（6×3）</td></tr>
<tr><td rowspan="6">2</td><td rowspan="6">对待测钻石进行综合分析评定</td><td>1</td><td>VS_2 级别钻石的 4C 分级</td><td>操作/笔试</td><td rowspan="6">抽五</td><td rowspan="6">70（14×5）</td><td rowspan="6">50（10×5）</td></tr>
<tr><td>2</td><td>SI_1 级别钻石的 4C 分级</td><td>操作/笔试</td></tr>
<tr><td>3</td><td>SI_2 级别钻石的 4C 分级</td><td>操作/笔试</td></tr>
<tr><td>4</td><td>P_1 级别钻石的 4C 分级</td><td>操作/笔试</td></tr>
<tr><td>5</td><td>P_2 级别钻石的 4C 分级</td><td>操作/笔试</td></tr>
<tr><td>6</td><td>P_3 级别钻石的 4C 分级</td><td>操作/笔试</td></tr>
<tr><td rowspan="2">3</td><td rowspan="2">镶嵌首饰的综合鉴定</td><td>1</td><td>对镶嵌钻石戒指进行综合鉴定</td><td>操作/笔试</td><td>必考</td><td>15</td><td>10</td></tr>
<tr><td>2</td><td>对镶嵌钻石项坠进行综合鉴定</td><td>操作/笔试</td><td>必考</td><td>15</td><td>10</td></tr>
<tr><td colspan="6">合　　计</td><td>150</td><td>100</td></tr>
<tr><td>备注</td><td colspan="7">1.1 中抽取 2 个样品；
1.2 中抽取 3 个样品；
2.1，2.2，2.3，2.4，2.5，2.6 中共抽取 5 个样品；
3.1 和 3.2 各抽取 1 个样品；
每次操作技能考核共抽取 12 个样品</td></tr>
</table>

第 2 部分

鉴定要素细目表

职业（工种）名称					钻石检验员	等级	四级
职业代码							
序号	鉴定点代码				鉴定点内容	备注	
	章	节	目	点			
	1				绪论		
	1	1			宝玉石的基本概念		
	1	1	1		宝玉石的基本概念		
1	1	1	1	1	宝玉石广义概念		
2	1	1	1	2	宝玉石狭义概念		
	2				宝玉石地质基础		
	2	1			宝石结晶学基础		
	2	1	1		宝石结晶学基础		
3	2	1	1	1	晶体与非晶体概念		
4	2	1	1	2	晶体的对称要素与对称型		
	2	1	2		晶体的分类		
5	2	1	2	1	晶体的分类		
	2	1	3		晶族的分类		
6	2	1	3	1	低级晶族		
7	2	1	3	2	中级晶族		
8	2	1	3	3	高级晶族		

续表

职业（工种）名称					钻石检验员	等级	四级
职业代码							
序号	鉴定点代码				鉴定点内容	备注	
	章	节	目	点			
	2	1	4		晶体形态特征		
9	2	1	4	1	单形与聚形形态特征		
	2	2			矿物岩石基础		
	2	2	1		矿物与岩石基本概念		
10	2	2	1	1	矿物基本概念		
11	2	2	1	2	岩石基本概念		
	2	2	2		岩石的分类		
12	2	2	2	1	岩浆岩		
13	2	2	2	2	变质岩		
14	2	2	2	3	沉积岩		
15	2	2	2	4	宝玉石产出与岩石的关系		
	3				钻石文化		
	3	1			钻石文化		
	3	1	1		钻石文化		
16	3	1	1	1	钻石的历史		
17	3	1	1	2	钻石与爱情		
18	3	1	1	3	名钻的历史		
	4				钻石的基本特征		
	4	1			钻石组分特征		
	4	1	1		钻石的矿物学名称与化学成分		
19	4	1	1	1	钻石的矿物学名称		
20	4	1	1	2	钻石的化学成分		
	4	2			钻石结晶学特征		
	4	2	1		晶体结构		

续表

职业（工种）名称					钻石检验员	等级	四级
职业代码							
序号	鉴定点代码				鉴定点内容		备注
	章	节	目	点			
21	4	2	1	1	钻石的晶体结构		
22	4	2	1	2	晶体结构的特点		
	4	2	2		晶体形态		
23	4	2	2	1	八面体晶形		
24	4	2	2	2	立方体晶形		
25	4	2	2	3	菱形十二体晶形		
	4	2	3		双晶		
26	4	2	3	1	双晶		
	4	2	4		蚀像		
27	4	2	4	1	蚀像		
	4	2	5		纹理		
28	4	2	5	1	纹理		
	4	2	6		生长丘、生长脊		
29	4	2	6	1	生长丘、生长脊		
	4	2	7		特殊外观的钻石		
30	4	2	7	1	带壳与烟幕钻石		
31	4	2	7	2	劣等钻石		
	5				钻石的分类		
	5	1			钻石的分类		
	5	1	1		Ⅰ型钻石		
32	5	1	1	1	Ⅰa 型钻石		
33	5	1	1	2	Ⅰb 型钻石		
34	5	1	1	3	Ⅱa 型钻石		
35	5	1	1	4	Ⅱb 型钻石		

续表

职业（工种）名称					钻石检验员	等级	四级
职业代码							
序号	鉴定点代码				鉴定点内容	备注	
	章	节	目	点			
	6				钻石的性质		
	6	1			钻石的力学性质		
	6	1	1		硬度		
36	6	1	1	1	硬度的概念		
37	6	1	1	2	摩氏硬度		
38	6	1	1	3	绝对硬度		
	6	1	2		解理		
39	6	1	2	1	解理		
	6	1	3		密度		
40	6	1	3	1	密度		
	6	1	4		脆性		
41	6	1	4	1	脆性		
	6	2			钻石的光学性质		
	6	2	1		钻石的光学性质		
42	6	2	1	1	颜色		
43	6	2	1	2	透明度		
44	6	2	1	3	光泽		
45	6	2	1	4	折射率		
46	6	2	1	5	色散		
47	6	2	1	6	发光性		
48	6	2	1	7	吸收光谱		
	6	3			钻石其他特性		
	6	3	1		钻石其他特性		
49	6	3	1	1	可燃性		

续表

职业（工种）名称					钻石检验员	等级	四级
职业代码							
序号	鉴定点代码				鉴定点内容		备注
	章	节	目	点			
50	6	3	1	2	热膨胀性		
51	6	3	1	3	导电性		
52	6	3	1	4	热导性		
53	6	3	1	5	亲油疏水性		
	7				钻石的形成与分布		
	7	1			钻石的形成		
	7	1	1		钻石的形成		
54	7	1	1	1	钻石形成的条件		
55	7	1	1	2	钻石形成的年代		
	7	1	2		钻石产出的环境		
56	7	1	2	1	钻石产出的环境		
	7	1	3		钻石成矿类型（原生矿）		
57	7	1	3	1	钻石成矿类型（原生矿）		
	7	1	4		岩石类型		
58	7	1	4	1	火成岩型		
59	7	1	4	2	金伯利岩		
60	7	1	4	3	钾镁煌斑岩		
	7	1	5		钻石砂矿		
61	7	1	5	1	钻石砂矿		
	7	2			钻石的分布		
	7	2	1		全球钻石分布状况		
62	7	2	1	1	全球钻石分布总体概况		
63	7	2	1	2	南非		
64	7	2	1	3	博茨瓦纳		

续表

职业（工种）名称					钻石检验员	等级	四级
职业代码							
序号	鉴定点代码				鉴定点内容	备注	
	章	节	目	点			
65	7	2	1	4	刚果民主共和国（前扎伊尔）		
66	7	2	1	5	安哥拉		
67	7	2	1	6	西非地区		
68	7	2	1	7	澳大利亚		
69	7	2	1	8	加拿大		
70	7	2	1	9	俄罗斯		
71	7	2	1	10	印度		
72	7	2	1	11	中国		
	8				钻石矿的开采、分选与回收		
	8	1			钻石矿的开采		
	8	1	1		钻石原生矿与砂矿开采		
73	8	1	1	1	钻石原生矿开采		
74	8	1	1	2	钻石砂矿开采		
	8	2			钻石分选与回收		
	8	2	1		钻石分选与回收		
75	8	2	1	1	钻石矿粗选与回收		
76	8	2	1	2	钻石矿精选与回收		
	9				钻石检测仪器、工具		
	9	1			常规检测仪器、工具		
	9	1	1		常规检测仪器、工具		
77	9	1	1	1	10 倍放大镜		
78	9	1	1	2	镊子		
79	9	1	1	3	卡尺		
80	9	1	1	4	丘比特观测镜		

续表

职业（工种）名称					钻石检验员	等级	四级
职业代码							
序号	鉴定点代码				鉴定点内容	备注	
	章	节	目	点			
81	9	1	1	5	比色板（槽）		
82	9	1	1	6	紫外灯		
83	9	1	1	7	热导仪		
84	9	1	1	8	反射仪		
85	9	1	1	9	偏光仪		
86	9	1	1	10	折射仪		
87	9	1	1	11	分光镜		
88	9	1	1	12	（电子）天平		
89	9	1	1	13	宝石显微镜		
90	9	1	1	14	钻石比率仪		
	9	2			钻石检测大型仪器		
	9	2	1		钻石检测大型仪器		
91	9	2	1	1	X射线荧光仪		
92	9	2	1	2	阴极发光仪		
93	9	2	1	3	激光拉曼光谱仪		
	10				钻石真伪鉴别		
	10	1			以折射率为依据的鉴别方法		
	10	1	1		以折射率为依据的鉴别方法		
94	10	1	1	1	透视试验		
95	10	1	1	2	倾斜试验		
96	10	1	1	3	亮度强弱观察		
97	10	1	1	4	浸液试验		
98	10	1	1	5	阴影图法		
	10	2			以色散为依据的鉴别方法		

续表

职业（工种）名称					钻石检验员	等级	四级
职业代码							
序号	鉴定点代码				鉴定点内容		备注
	章	节	目	点			
	10	2	1		以色散为依据的鉴别方法		
99	10	2	1	1	色散强弱观察		
100	10	2	1	2	底面闪光效应观察		
	10	3			以亲油性为依据的鉴别方法		
	10	3	1		以亲油性为依据的鉴别方法		
101	10	3	1	1	划线试验		
102	10	3	1	2	水滴试验		
	10	4			以导热性为依据的鉴别方法		
	10	4	1		以导热性为依据的鉴别方法		
103	10	4	1	1	哈气试验		
104	10	4	1	2	感觉试验		
	10	5			放大检测		
	10	5	1		放大检验		
105	10	5	1	1	包体		
106	10	5	1	2	刻面		
107	10	5	1	3	腰围		
108	10	5	1	4	解理		
109	10	5	1	5	双晶		
110	10	5	1	6	纹理		
111	10	5	1	7	刻面棱重影		
	10	6			钻石与其替代品、仿制品的区别		
	10	6	1		钻石与天然无色宝石的区分		
112	10	6	1	1	无色锆石		
113	10	6	1	2	无色托帕石		

续表

职业（工种）名称					钻石检验员	等级	四级
职业代码							
序号	鉴定点代码				鉴定点内容		备注
	章	节	目	点			
114	10	6	1	3	无色蓝宝石		
115	10	6	1	4	无色水晶		
116	10	6	1	5	无色绿柱石		
	10	6	2		钻石与人工相似宝石的区分		
117	10	6	2	1	立方氧化锆		
118	10	6	2	2	钇铝榴石		
119	10	6	2	3	钆镓榴石		
120	10	6	2	4	钛酸锶		
121	10	6	2	5	合成金红石		
122	10	6	2	6	合成尖晶石		
123	10	6	2	7	合成碳硅石		
124	10	6	2	8	铅玻璃		
	11				钻石加工		
	11	1			钻石加工历史与工艺		
	11	1	1		钻石加工历史与工艺		
125	11	1	1	1	钻石加工历史		
126	11	1	1	2	钻石加工工艺		
	11	2			钻石加工过程		
	11	2	1		钻石加工过程		
127	11	2	1	1	取料阶段		
128	11	2	1	2	成型阶段		
129	11	2	1	3	成品阶段		
	11	3			钻石加工工艺流程		
	11	3	1		钻坯设计工艺流程		

续表

职业（工种）名称					钻石检验员	等级	四级
职业代码							
序号	鉴定点代码				鉴定点内容	备注	
	章	节	目	点			
130	11	3	1	1	钻坯设计工艺流程		
	11	3	2		分割钻坯工艺流程		
131	11	3	2	1	分割钻坯工艺流程		
	11	3	3		车钻工艺流程		
132	11	3	3	1	车钻工艺流程		
	11	3	4		抛磨工艺流程		
133	11	3	4	1	抛磨技术		
134	11	3	4	2	抛磨圆钻工艺		
	11	4			不同大小、不同晶体的钻石加工		
	11	4	1		不同大小、不同晶体的钻石加工		
135	11	4	1	1	小钻加工工艺流程		
136	11	4	1	2	大、中钻加工工艺流程		
137	11	4	1	3	不同晶体钻石的加工特点		
	11	5			钻石加工工艺质量检验		
	11	5	1		钻石加工工艺质量检验		
138	11	5	1	1	钻石切工比率检验		
	11	5	2		用（游标）卡尺等工具对钻石切工检验		
139	11	5	2	1	用（游标）卡尺等工具对钻石切工检验		
	11	5	3		用 10 倍放大镜对钻石切工检验		
140	11	5	3	1	台宽比		
141	11	5	3	2	腰厚比		
142	11	5	3	3	亭深比		
143	11	5	3	4	冠高比		
144	11	5	3	5	全深比		

续表

职业（工种）名称					钻石检验员	等级	四级
职业代码							
序号	鉴定点代码				鉴定点内容		备注
	章	节	目	点			
145	11	5	3	6	底尖比		
146	11	5	3	7	冠角		
147	11	5	3	8	亭角		
	11	5	4		钻石切工比例等级		
148	11	5	4	1	钻石切工比例等级		
	11	6			钻石琢型		
	11	6	1		圆形钻刻面组成		
149	11	6	1	1	圆形钻刻面组成		
	11	6	2		钻石琢型历史		
150	11	6	2	1	钻石琢型历史		
	11	6	3		钻石琢型种类		
151	11	6	3	1	早期圆钻		
152	11	6	3	2	现代圆钻		
153	11	6	3	3	花式钻石		
	12				钻石分级		
	12	1			钻石分级的概念与原因		
	12	1	1		钻石分级的概念与原因		
154	12	1	1	1	钻石分级的概念		
155	12	1	1	2	钻石分级的原因		
	12	2			国际上有影响的钻石分级体系		
	12	2	1		美国宝石学院（GIA）钻石分级规则		
156	12	2	1	1	美国宝石学院（GIA）钻石分级规则		
	12	2	2		国际珠宝联盟（CIBJO）钻石分级手册		
157	12	2	2	1	国际珠宝联盟（CIBJO）钻石分级手册		

续表

职业（工种）名称					钻石检验员	等级	四级
职业代码							
序号	鉴定点代码				鉴定点内容		备注
	章	节	目	点			
	12	2	3		国际钻石理事会（IDC）钻石分级标准		
158	12	2	3	1	国际钻石理事会（IDC）钻石分级标准		
	12	2	4		比利时（HRD）钻石分级标准		
159	12	2	4	1	比利时（HRD）钻石分级标准		
	12	2	5		斯堪的纳维亚（Scan D. N.）钻石分级标准		
160	12	2	5	1	斯堪的纳维亚（Scan D. N.）钻石分级标准		
	12	2	6		国际标准化组织（ISO）《抛光钻石分级——术语及分类》		
161	12	2	6	1	国际标准化组织（ISO）《抛光钻石分级——术语及分类》		
	12	2	7		中国钻石分级标准		
162	12	2	7	1	中国钻石分级标准制定		
163	12	2	7	2	中国钻石分级标准规定		
	13				钻石 4C 分级		
	13	1			钻石颜色分级		
	13	1	1		颜色分级定义		
164	13	1	1	1	颜色分级定义		
	13	1	2		颜色分级术语		
165	13	1	2	1	颜色分级术语		
	13	1	3		颜色分级标准		
166	13	1	3	1	颜色分级标准		
	13	1	4		中国钻石颜色分级体系		
167	13	1	4	1	中国钻石颜色分级体系		
	13	1	5		钻石颜色分级条件		
168	13	1	5	1	照明条件		
169	13	1	5	2	比色石		

续表

职业（工种）名称					钻石检验员	等级	四级
职业代码							
序号	鉴定点代码				鉴定点内容	备注	
	章	节	目	点			
170	13	1	5	3	比色环境		
171	13	1	5	4	分级师		
	13	1	6		颜色分级方法		
172	13	1	6	1	颜色分级操作规程		
173	13	1	6	2	颜色分级操作步骤		
174	13	1	6	3	颜色分级操作技巧		
175	13	1	6	4	颜色级别的判定方法		
176	13	1	6	5	颜色分级注意事项		
	13	1	7		钻石荧光分级		
177	13	1	7	1	钻石荧光性		
178	13	1	7	2	荧光强度级别		
179	13	1	7	3	荧光强度分级方法		
180	13	1	7	4	荧光强度分级划分规则		
	13	2			钻石净度分级		
	13	2	1		净度分级工具		
181	13	2	1	1	净度分级工具		
	13	2	2		钻石内部特征		
182	13	2	2	1	晶体		
183	13	2	2	2	点状包体		
184	13	2	2	3	云状物		
185	13	2	2	4	内凹原晶面		
186	13	2	2	5	羽状纹		
187	13	2	2	6	须状腰		
188	13	2	2	7	内部纹理		

续表

职业（工种）名称					钻石检验员	等级	四级
职业代码							
序号	鉴定点代码				鉴定点内容		备注
	章	节	目	点			
189	13	2	2	8	激光痕		
190	13	2	2	9	破口		
191	13	2	2	10	击痕		
192	13	2	2	11	空洞		
	13	2	3		钻石外部特征		
193	13	2	3	1	原晶面		
194	13	2	3	2	表面纹理		
195	13	2	3	3	额外刻面		
196	13	2	3	4	抛光纹		
197	13	2	3	5	刮伤		
198	13	2	3	6	烧痕		
199	13	2	3	7	缺口		
200	13	2	3	8	棱线磨损		
	13	2	4		净度分级标准		
201	13	2	4	1	净度分级标准		
	13	2	5		净度级别的判定		
202	13	2	5	1	大小		
203	13	2	5	2	数量		
204	13	2	5	3	位置		
205	13	2	5	4	对比度		
206	13	2	5	5	类型		
	13	2	6		检查钻石净度特征		
207	13	2	6	1	检查钻石净度特征		
	13	2	7		标注净度特征		

续表

职业（工种）名称					钻石检验员	等级	四级
职业代码							
序号	鉴定点代码				鉴定点内容	备注	
	章	节	目	点			
208	13	2	7	1	标注净度特征		
	13	2	8		净度分级注意事项		
209	13	2	8	1	净度分级注意事项		
	13	3			钻石切工分级		
	13	3	1		钻石切工分级内容		
210	13	3	1	1	钻石切工分级内容		
	13	3	2		钻石的光彩形成		
211	13	3	2	1	亮度与切工关系		
212	13	3	2	2	色散与切工的关系		
213	13	3	2	3	亮度与色散的关系		
214	13	3	2	4	闪光与切工关系		
	13	3	3		切工比例分级标准		
215	13	3	3	1	托尔科夫斯基琢型		
216	13	3	3	2	艾普洛琢型		
217	13	3	3	3	欧洲琢型		
218	13	3	3	4	理想琢型		
	13	3	4		比率级别		
219	13	3	4	1	比率级别		
	13	3	5		切工比例目估方法		
220	13	3	5	1	台宽比（线段比例法）估测		
221	13	3	5	2	台宽比（弧度法）估测		
222	13	3	5	3	冠角（侧视）估测法		
223	13	3	5	4	冠角（正视）估测法		
224	13	3	5	5	亭深比（台影比）估测法		

续表

职业（工种）名称					钻石检验员	等级	四级
职业代码							
序号	鉴定点代码				鉴定点内容	备注	
	章	节	目	点			
225	13	3	5	6	亭深比与亭角关系		
226	13	3	5	7	亭深比（腰影比）估测法		
227	13	3	5	8	腰部厚度估测		
228	13	3	5	9	底面大小估测		
	13	3	6		钻石修饰度分级		
229	13	3	6	1	钻石修饰度分级概念		
230	13	3	6	2	对称性偏差		
231	13	3	6	3	抛光		
232	13	3	6	4	修饰度级别		
	13	4			钻石质量分级		
	13	4	1		钻石质量分级		
233	13	4	1	1	质量分级意义		
234	13	4	1	2	质量单位		
235	13	4	1	3	质量分级		
236	13	4	1	4	钻石质量计算		
237	13	4	1	5	Rapaport 国际钻石报价表		
	14				镶嵌钻石分级		
	14	1			镶嵌钻石分级		
	14	1	1		镶嵌钻石分级		
238	14	1	1	1	颜色分级		
239	14	1	1	2	净度分级		
240	14	1	1	3	切工分级		
241	14	1	1	4	质量分级		
	15				钻石加工业		
	15	1			全球钻石主要加工地		
	15	1	1		全球钻石主要加工地		

续表

职业（工种）名称					钻石检验员	等级	四级
职业代码							
序号	鉴定点代码				鉴定点内容		备注
	章	节	目	点			
242	15	1	1	1	安特卫普		
243	15	1	1	2	特拉维夫		
244	15	1	1	3	纽约		
245	15	1	1	4	孟买		
246	15	1	1	5	中国		
	16				钻石交易		
	16	1			钻石原石销售机构		
	16	1	1		戴比尔斯钻石矿业集团（De Beers）		
247	16	1	1	1	戴比尔斯钻石矿业集团（De Beers）		
	16	1	2		戴比尔斯中央统售组织（CSO）		
248	16	1	2	1	戴比尔斯中央统售组织（CSO）		
	16	1	3		国际钻石贸易公司（DTC）		
249	16	1	3	1	国际钻石贸易公司（DTC）		
	16	1	4		钻石原石销售		
250	16	1	4	1	CSO 单一渠道销售系统		
251	16	1	4	2	CSO 以外开放市场		
	16	2			中国钻石交易与管理		
	16	2	1		中国钻石交易与管理		
252	16	2	1	1	钻石交易		
253	16	2	1	2	钻石管理		
	17				钻石饰品制作与销售		
	17	1			钻石饰品制作与销售		
	17	1	1		钻石饰品制作与销售		
254	17	1	1	1	铂金类饰品制作与销售		
255	17	1	1	2	黄金类饰品制作与销售		

第 3 部分

理论知识复习题

绪论

一、判断题（将判断结果填入括号中。正确的填“√”，错误的填“×”）

1. 珠宝玉石是天然珠宝玉石和人工宝石的统称。（　　）

2. 狭义的宝石概念指的是矿物单晶体。（　　）

二、单项选择题（选择一个正确的答案，将相应的字母填入题内的括号中）

1. 广义的宝玉石包括（　　）。

A. 天然宝玉石与人工宝石　　B. 天然宝玉石与人造宝石

C. 天然宝石与合成宝石　　D. 天然宝石与人造宝石

2. 人工宝石包括（　　）。

A. 合成和人造宝石　　B. 优化和处理宝石

C. 拼合和再造宝石　　D. 合成和人造宝石、拼合和再造宝石

3. 狭义的宝玉石是指天然产出的，具美观、耐久、稀少等特征并可琢磨的（　　）。

A. 矿物单晶体　　B. 多矿物集合体

C. 矿物单晶体和多矿物集合体　　D. 非晶质矿物和多矿物集合体

4. 天然珠宝玉石是指（　　）。

A. 天然宝石、天然玉石　　B. 天然宝玉石、天然有机宝石

C. 天然宝石、天然有机宝石　　D. 天然玉石、天然有机宝石

宝玉石地质基础

一、判断题（将判断结果填入括号中。正确的填“√”，错误的填“×”）

1. 晶体在物理性质上具异向性，有固定的熔点。 （ ）
2. 金刚石晶体的对称型为 $3L^4 4L^3 6L^2 9PC$。 （ ）
3. 单斜晶系的晶体常数特点为 $A \neq B \neq C$、$\alpha = \gamma = 90°$。 （ ）
4. 低级晶族包括三斜晶系、斜方晶系和三方晶系。 （ ）
5. 中级晶族有 25 种单形。 （ ）
6. 等轴晶系与四方晶系同属高级晶族。 （ ）
7. 晶体单形聚合起来即能形成聚形。 （ ）
8. 矿物是地质作用下形成的单质或化合物。 （ ）
9. 赋存宝玉石的岩石大多数与岩浆岩、变质岩有关。 （ ）
10. 金伯利岩属于超基性喷出岩。 （ ）
11. 变质岩的物质成分较为复杂，既有原岩成分，又有变质过程中新产生的成分。 （ ）
12. 与沉积岩形成有关的外力地质作用包括风化、剥蚀、搬运、堆积等。 （ ）
13. 在沉积岩中出现的宝石多半以砂矿的形式富集在其中。 （ ）

二、单项选择题（选择一个正确的答案，将相应的字母填入题内的括号中）

1. 下述宝石属非晶质体的是（ ）。

   A. 钻石 B. 水晶 C. 琥珀 D. 红宝石

2. 下述宝石属晶体的是（ ）。

   A. 钻石 B. 琥珀 C. 仿钻玻璃 D. 玻璃

3. 立方晶体有（ ）个对称面。

   A. 8 B. 9 C. 4 D. 6

4. 晶体中对称轴最多有（ ）次。

   A. 8 B. 6 C. 5 D. 4

5. 斜方晶体的晶体具有（　　）个高次轴。

A. 0　　B. 1　　C. 2　　D. 3

6. 中级晶族的晶体具有（　　）个高次轴。

A. 0　　B. 2　　C. 1　　D. 3

7.（　　）晶系属低级晶族。

A. 等轴　　B. 三方　　C. 三斜　　D. 六方

8. 金绿宝石为（　　）晶系宝石。

A. 斜方　　B. 单斜　　C. 三斜　　D. 等轴

9.（　　）晶系不属于中级晶族。

A. 立方　　B. 六方　　C. 四方　　D. 斜方

10.（　　）不属于三方晶系。

A. 红宝石　　B. 水晶　　C. 碧玺　　D. 钻石

11.（　　）晶系属高级晶族。

A. 六方　　B. 四方　　C. 等轴　　D. 三方

12. 钻石属于（　　）晶系。

A. 三方　　B. 六方　　C. 等轴　　D. 斜方

13. 晶体中，在几何形态上不同的单形共有（　　）种。

A. 37　　B. 47　　C. 73　　D. 74

14. 单形既考虑几何形态，又考虑其对称性共有（　　）种。

A. 136　　B. 146　　C. 163　　D. 164

15. 已发现的矿物中约有（　　）种可用作宝石。

A. 200　　B. 400　　C. 600　　D. 800

16.（　　）是变质作用所形成的特有矿物。

A. 石英　　B. 石榴子石　　C. 长石　　D. 方解石

17. 岩石是指天然产出的具有一定结构构造的（　　）。

A. 矿物　　B. 化合物　　C. 单质　　D. 矿物集合体

18. 岩石根据其成因可分（　　）三大类。

A. 岩浆岩、变质岩、沉积岩　　B. 岩浆岩、变质岩、大理岩

C. 花岗岩、变质岩、沉积岩　　D. 岩浆岩、榴辉岩、沉积岩

19. 岩浆岩依据产状可细分为（　　）。

A. 侵入岩、火成岩　　B. 浅成岩、火山岩

C. 深成岩、火成岩　　D. 侵入岩、火山岩

20. 金伯利岩应归属于（　　）。

A. 酸性岩　　B. 中性岩　　C. 碱性岩　　D. 超基性岩

21. 变质岩是在（　　）和化学流体作用下，使原岩发生物化变化而形成的岩石。

A. 低温低压　　B. 常温常压　　C. 高温高压　　D. 高温低压

22. （　　）属变质岩类。

A. 蛇纹岩　　B. 花岗岩　　C. 辉长岩　　D. 钾镁煌斑岩

23. 沉积岩约占地球表面积（　　）。

A. 50％　　B. 60％　　C. 65％　　D. 75％

24. （　　）与沉积岩有较密切的关系。

A. 红宝石　　B. 欧泊　　C. 尖晶石　　D. 祖母绿

25. 世界上公认的五大名贵宝石是（　　）。

A. 钻石、红宝石、蓝宝石、祖母绿、猫眼石

B. 钻石、猫眼石、翡翠、红宝石、蓝宝石

C. 钻石、珍珠、祖母绿、红宝石、蓝宝石

D. 钻石、翡翠、祖母绿、红宝石、蓝宝石

26. 从已发现的宝石种类来看，岩浆（　　）作用阶段形成的宝石最多。

A. 热液　　B. 伟晶　　C. 同化　　D. 混染

钻石文化

一、判断题（将判断结果填入括号中。正确的填“√”，错误的填“×”）

1. 法国国王路易十四曾下令禁止所有女性佩戴钻石。（　　）

2. 15 世纪以来，婚约誓盟赠送钻戒已成为人类一种神圣的传统。（　　）

二、单项选择题（选择一个正确的答案，将相应的字母填入题内的括号中）

1. 英国王室崇尚钻石，将钻石作为世代（　　）的象征。

A. 皇权　　B. 财富　　C. 文化　　D. 护身

2. 钻石被认定为（　　）生辰石。

A. 三月　　B. 四月　　C. 五月　　D. 七月

3. 钻戒订婚源于（　　）年奥地利大公麦西米伦将首枚钻戒赠与法国勃艮地的玛莉。

A. 1377　　B. 1477　　C. 1577　　D. 1677

4. 传说订婚钻戒应戴在（　　）上，该手指与心房相连。

A. 左手中指　　B. 左手无名指　　C. 右手中指　　D. 右手无名指

5. “库利南”原石被劈开后，磨成大钻与小钻的数目分别为（　　）。

A. 8 粒，14 粒　　B. 9 粒，14 粒　　C. 9 粒，86 粒　　D. 9 粒，96 粒

6. “希望”钻石目前收藏于（　　）。

A. 法国卢浮宫　　B. 英国伦敦塔

C. 美国史密斯博物院　　D. 俄罗斯冬宫

钻石的基本特征

一、判断题（将判断结果填入括号中。正确的填“√”，错误的填“×”）

1. 在中国古文献中，钻石一般被称为“金刚”“金刚钻”“金刚石”。（　　）
2. 钻石与石墨同是碳的同质多相变体。（　　）
3. 钻石为等轴晶系，三向晶轴等长，其间以直角相交。（　　）
4. 钻石八面体晶形有平面八面体和曲面八面体之分。（　　）
5. 自然界产出的钻石歪晶多，由于溶蚀作用还会使晶面留下蚀象。（　　）
6. 在钻石晶形中，八面体、菱形十二面体与立方体晶形是最常见的单形。（　　）
7. 绝大多数菱形十二面体的钻石呈曲面晶体产出，都是受岩浆侵蚀圆化的原因。（　　）

8. 钻石双晶是在钻石生长阶段形成的同种晶体的一种非平行的规则连生体。 （ ）

9. 钻石晶面的蚀像可帮助钻石切磨师切割钻石定向。 （ ）

10. 纹理指向对锯劈和抛磨钻石很有意义。 （ ）

11. 钻石晶面上形成的生长丘或生长脊皆为天然钻石的特征。 （ ）

12. 烟幕钻石通常表皮很薄，经抛光即可去除。 （ ）

13. 劣等钻石特指用于工业上具暗淡或糖状表皮微细的钻石多晶质集合体。 （ ）

二、单项选择题（选择一个正确的答案，将相应的字母填入题内的括号中）

1. 钻石的矿物学名称为（ ）。

A. 白钢石　B. 乌钢石　C. 金刚石　D. 钛钢石

2. 和钻石共生的特殊指示性矿物为（ ）。

A. 铬镁铝榴石镁钛铁矿　B. 铬透辉石镁钛铁矿

C. 镁铝榴石铬透辉石　D. 镁钛铁矿碱镁角闪石

3. 钻石的主要化学成分是（ ）。

A. 氮　B. 铝　C. 碳　D. 硼

4. 钻石是（ ）下形成的晶体。

A. 低温低压　B. 常温常压　C. 高温高压　D. 高温低压

5. 钻石的晶系为（ ）晶系。

A. 等轴　B. 三方　C. 斜方　D. 单斜

6. 钻石晶体结构中化学键类型是（ ）。

A. 分子键　B. 离子键　C. 共价键　D. 金属键

7. 钻石中最常见的是（ ）晶形。

A. 八面体　B. 菱形十二面体　C. 立方体　D. 三角四六面体

8. 切磨成圆多刻面型钻石的最佳晶形是（ ）晶形。

A. 八面体　B. 菱形十二面体　C. 立方体　D. 三角四六面体

9. 南非产的钻石中，（ ）较多。

A. 菱形十二面体　B. 立方体　C. 八面体　D. 三角四六面体

10. 八面体晶面上可见（ ）特征。

A. 四边形凹坑　B. 三角形凹坑　C. 圆形凹坑　D. 圆盘状花纹

11. 宝石级金刚石中，（　　）晶形较少。

A. 八面体　B. 菱形十二面体　C. 立方体　D. 三角三八面体

12. 工业级金刚石中，（　　）晶形较多。

A. 八面体　B. 菱形十二面体　C. 立方体　D. 三角三八面体

13. 巴西产的钻石中，（　　）较多。

A. 八面体　B. 菱形十二面体　C. 立方体　D. 三角四六面体

14. 在产出的钻石中，（　　）的量居钻石晶形中第二位。

A. 八面体　B. 菱形十二面体　C. 立方体　D. 三角四六面体

15. 钻石中的双晶形态有（　　）等。

A. 三角形　B. 菱形　C. 六角形　D. 以上都正确

16. 钻石双晶依（　　）最普遍，双晶面平行于（111）面。

A.（111）面　B.（110）面　C.（100）面　D.（101）面

17. 呈八面体晶形的钻石晶面上常形成（　　）。

A. 圆盘状花纹　B. 等边三角形凹痕

C. 四边形凹痕　D. 网格状花纹

18. 呈立方体晶形的钻石晶面上常呈（　　）。

A. 圆盘状花纹　B. 等边三角形凹痕

C. 四边形凹痕　D. 网格状花纹

19. 钻石中大多数纹理平行（　　）方向。

A. 八面体　B. 立方体面　C. 晶面延伸　D. 晶轴延伸

20. 菱形十二面体的钻石，其纹理平行晶面显（　　）上的延伸。

A. 一个方向　B. 两个方向　C. 三个方向　D. 任意方向

21. 生长丘是钻石晶体在生长过程中形成的，具有规则几何形状而突出于（　　）的生长物。

A. 晶棱　B. 晶面　C. 晶带　D. 晶核

22. 在天然钻石晶面上，常见由八面体与菱形十二面体交替生长形成的（　　）生长丘。

A. 圆形　　B. 四方形　　C. 三角形　　D. 多角形

23. 具粗糙糖状外壳的钻石晶体其内往往（　　）。

A. 净度较差　　B. 色级偏低　　C. 品级较低　　D. 品级较优

24. 表皮无光泽的烟幕钻石是砂矿钻石经（　　）作用所致。

A. 岩浆熔蚀　　B. 变质蚀变　　C. 流水风蚀　　D. 机械加工

25. 巴拉斯、卡帮纳多和博特钻石均为（　　）。

A. 带壳钻石　　B. 烟幕钻石　　C. 劣等钻石　　D. 优质钻石

26. 巴拉斯钻石多产于（　　）。

A. 印度　　B. 巴西　　C. 南非　　D. 巴西与南非

钻石的分类

一、判断题（将判断结果填入括号中。正确的填“√”，错误的填“×”）

1. Ⅰa 型钻石由于含氮杂质，降低了钻石的导电性和导热性。（　　）
2. 在一定的温压及长时间作用下，Ⅰb 型钻石可转换为Ⅰa 型钻石。（　　）
3. Ⅱa 型钻石在自然界出现的几率比Ⅱb 型钻石还要低。（　　）
4. Ⅱb 型钻石在短波紫外光照射下多显磷光。（　　）

二、单项选择题（选择一个正确的答案，将相应的字母填入题内的括号中）

1. 98％的钻石属于（　　）钻石。

A. Ⅰa 型　　B. Ⅰb 型　　C. Ⅱa 型　　D. Ⅱb 型

2. Ⅰa 型钻石可含微量的（　　）原子。

A. 氮　　B. 硼　　C. 氢　　D. 铁

3. 天然Ⅰb 型钻石在自然界中很少，估计不足（　　）。

A. 0.5％　　B. 1％　　C. 2％　　D. 3％

4. 合成钻石主要为（　　）钻石。

A. Ⅰa 型　　B. Ⅰb 型　　C. Ⅱa 型　　D. Ⅱb 型

5. 在所有钻石类型中，（　　）具有最高的导热性。

A. Ⅰa 型　　B. Ⅰb 型　　C. Ⅱa 型　　D. Ⅱb 型

6. Ⅱa 型钻石是钻石类型中（　　）最好的钻石。

A. 导电性　　B. 导热性　　C. 亲油性　　D. 稳定性

7. Ⅱb 型钻石是天然钻石中唯一能（　　）的钻石。

A. 导电　　B. 导热　　C. 亲水　　D. 疏油

8. 含硼元素的钻石显（　　）。

A. 黄色　　B. 褐色　　C. 蓝色　　D. 红色

钻石的性质

一、判断题（将判断结果填入括号中。正确的填“√”，错误的填“×”）

1. 钻石晶体为等轴晶系，故它的硬度各向同性。（　　）
2. 摩氏硬度代表了 10 种被选矿物的真实硬度。（　　）
3. 宝石的绝对硬度常用显微硬度计或测硬仪来测定。（　　）
4. 钻石晶体为等轴晶系，故只可发育裂理面而无解理。（　　）
5. 当钻石含较多的杂质元素和包体时，其密度会有较大的变化。（　　）
6. 钻石是自然界最硬的物质，同时也是不具脆性的物质。（　　）
7. 呈绿色的钻石可能与其长时期受自然辐照有关。（　　）
8. 当钻石含有密集的石墨包体时会呈现半透明状的黑色。（　　）
9. 钻石具有较强的光泽，与它的折射率和吸收系数大有关。（　　）
10. 钻石是天然无色透明矿物中折射率最大的矿物。（　　）
11. 钻石具有较强的火彩，先决条件是其具有较大的色散值。（　　）
12. 钻石品种多，所发出的荧光色也是多种多样的。（　　）
13. 所有的天然粉红和紫红色的钻石在 563 nm 处都有吸收线。（　　）
14. 在对钻饰品进行维修时要考虑到钻石可燃性的特点，以免灼伤钻石。（　　）
15. 钻石内含热膨胀性大的包体或有裂隙时不宜加热，否则会使钻石破裂。（　　）

16. 在钻石中，Ⅱa 型钻石绝缘性最好。（ ）

17. 钻石属非金属矿物，热导率自然要比金属体低。（ ）

18. 钻石具有亲油性的特性，可用油脂来分选钻石矿。（ ）

二、单项选择题（选择一个正确的答案，将相应的字母填入题内的括号中）

1. 钻石的摩氏硬度为（ ）级。

A. 7　B. 8　C. 9　D. 10

2. 钻石的摩氏硬度在自然界矿物中属（ ）一级。

A. 较高　B. 高　C. 很高　D. 最高

3. 摩氏硬度计是由（ ）种矿物按相对软硬程度划分的。

A. 5　B. 8　C. 10　D. 20

4. 摩氏硬度计是（ ）年由德国矿物学家摩氏根据选定的 10 种矿物相对软硬程度排序而建立的。

A. 1802　B. 1812　C. 1822　D. 1832

5. 钻石的绝对硬度是水晶的（ ）倍。

A. 100　B. 500　C. 1 000　D. 1 500

6. 钻石的绝对硬度是红蓝宝石的（ ）倍。

A. 100　B. 150　C. 200　D. 250

7. 钻石晶体平行于（111）面网，为（ ）解理面。

A. 极完全　B. 完全　C. 中等　D. 不完全

8. 钻石的解理属于（ ）。

A. 八面体中等　B. 六面体中等　C. 柱状完全　D. 菱面体中等

9. 钻石的密度为（ ）g/cm^3。

A. 3.52　B. 4.00　C. 5.80　D. 3.22

10. （ ）的密度与钻石的密度接近。

A. 立方氧化锆　B. 钇铝榴石　C. 钛酸锶　D. 碳硅石

11. 钻石虽能抵抗很大的外压力，但由于其（ ），某些方向撞击易碎。

A. 热膨胀性　B. 导电性　C. 脆性　D. 亲油性

12. 由于钻石具有（　　）特点，加工花式钻尖角与圆钻薄腰时尤其要小心。

A. 硬性　B. 脆性　C. 柔性　D. 韧性

13. 绝大多数的钻石因含氮元素而使钻石呈（　　）。

A. 淡粉色　B. 淡绿色　C. 淡紫色　D. 淡黄色

14. 呈（　　）的钻石常是由晶格错位引起的。

A. 粉红色　B. 蓝绿色　C. 淡黄色　D. 黑色

15. 纯净的钻石多呈无色（　　）。

A. 透明状　B. 微透明状　C. 半透明状　D. 不透明状

16. 含多量深色包体时，钻石会呈现（　　）的黑色。

A. 透明状　B. 微透明状　C. 半透明状　D. 不透明状

17. 钻石具有特征性的（　　）光泽。

A. 玻璃　B. 金属　C. 金刚　D. 丝绢

18. 钻石拥有的金刚光泽是天然无色透明矿物中（　　）的光泽。

A. 最弱　B. 较弱　C. 较强　D. 最强

19. 钻石是高折射率的晶体，其折射率约为（　　）。

A. 4.22　B. 2.44　C. 2.42　D. 2.24

20.（　　）的折射率要比钻石折射率大。

A. 立方氧化锆　B. 钇铝榴石　C. 钆镓榴石　D. 碳硅石

21. 钻石有较强的火彩效应，其色散值为（　　）。

A. 2.42　B. 3.52　C. 0.060　D. 0.044

22. 立方氧化锆的色散值为（　　），故比钻石的火彩要强。

A. 0.044　B. 0.060　C. 0.104　D. 0.190

23. 钻石在 X 射线下会发出（　　）荧光。

A. 橙红色　B. 粉红色　C. 淡蓝色　D. 淡黄色

24. 钻石的荧光主要与晶格中的杂质元素（　　）有关。

A. 氢　B. 氮　C. 硼　D. 铝

25. 无色～浅黄色系列钻石在（　　）nm 处有一条特征性的吸收线。

A. 415.5　　B. 453　　C. 504　　D. 594

26. 呈（　　）的钻石在 504 nm 处有一弱的吸收带。

A. 黄色　　B. 红色　　C. 绿色　　D. 褐色

27. 钻石在绝氧条件下加热到（　　）℃以上时，将会缓慢变成石墨。

A. 1 000　　B. 1 500　　C. 1 800　　D. 2 000

28. 钻石在氧气中加热到（　　）℃将开始缓慢燃烧并转化为二氧化碳气体。

A. 500　　B. 550　　C. 600　　D. 650

29. 钻石热膨胀性（　　），温度突变对钻石影响（　　）。

A. 高、大　　B. 极高、极大　　C. 低、小　　D. 极低、极小

30. 将钻石放入硝酸钾中加热到（　　）℃以上，易形成蚀象痕。

A. 200　　B. 300　　C. 400　　D. 500

31. 绝大多数的钻石晶体为（　　）。

A. 导电体　　B. 绝缘体　　C. 半导体　　D. A 与 B 都有可能

32. 钻石多为电的绝缘体，但（　　）钻石除外。

A. 浅黄色　　B. 蓝色　　C. 无色　　D. 辐照

33. 可利用（　　）快速鉴定钻石。

A. 相对密度　　B. 折射率　　C. 热导率　　D. 吸收光谱

34. 杂质少的Ⅱa 型钻石的热导率高达金属的（　　）倍。

A. 1　　B. 2　　C. 3　　D. 5

35. 钻石具有（　　）的性质。

A. 亲油疏水　　B. 疏油亲水　　C. 亲油亲水　　D. 疏油疏水

36. 钻石具有很强的（　　），故极易受油污而使其光泽减弱。

A. 介电性　　B. 亲油性　　C. 导电性　　D. 吸磁性

钻石的形成与分布

一、判断题（将判断结果填入括号中。正确的填“√”，错误的填“×”）

1. 世界上大多数钻石主要赋存在金伯利岩中。（　　）
2. 钻石通常与金伯利岩是同时代形成的产物。（　　）
3. 赋存钻石的金伯利岩最早是在南非金伯利镇附近发现的。（　　）
4. 钻石原生矿是内生地质作用形成的矿床。（　　）
5. 钻石主要产在基性与超基性火成岩中。（　　）
6. 金伯利岩属浅成侵入的超基性岩类。（　　）
7. 目前所知，钻石原生矿只产在金伯利岩和钾镁煌斑岩中。（　　）
8. 新生代钻石砂矿中价值较大的主要是河流冲积砂矿、残积砂矿和滨海砂矿。（　　）
9. 钻石原生矿主要以火山岩筒的形式产出。（　　）
10. 自 20 世纪初至 20 世纪 60 年代，南非金刚石产量在世界上一直独占鳌头。（　　）
11. 博茨瓦纳钻石矿现主要由该国政府与戴比尔斯共同开采。（　　）
12. 刚果民主共和国现开采的金刚石主要来自于冲积砂矿中。（　　）
13. 目前安哥拉金刚石产量约占全球总产量的 3%。（　　）
14. 著名的“塞拉利昂之星”钻石重达 968.80 ct，是塞拉利昂的国宝。（　　）
15. 澳大利亚冲积成因的金刚石多为复杂的双晶，难以加工。（　　）
16. 目前发现的加拿大钻石矿主要位于其国土的北部。（　　）
17. 俄罗斯冲积砂矿成因的金刚石主要分布在乌拉尔山脉地区。（　　）
18. 印度安得拉邦地区曾经以盛产珍贵大钻而闻名于世。（　　）
19. “常林钻石”发现于山东沂沭河流域的钻石砂矿中。（　　）
20. 露天开采钻石原生矿直接影响经济效益的是原生矿上覆物的厚度与分布。（　　）
21. 20 世纪 60 年代，纳米比亚曾进行过海上钻石砂矿的开采工作。（　　）

二、单项选择题（选择一个正确的答案，将相应的字母填入题内的括号中）

1. 地质学依据钻石形成的温压状况，推断钻石形成的深度为距地表下（　　）km。

A. 150～200　B. 200～250　C. 250～300　D. 300～350

2. 钻石是在（　　）条件下形成的一种矿物晶体。

A. 低温低压　B. 高温高压　C. 常温常压　D. 常温低压

3. 钻石形成的年代与其赋存岩石形成的年龄相比，（　　）。

A. 早得多　B. 晚得多　C. 几乎同一时代　D. 早晚均有，无规律

4. 南非金伯利橄榄岩型钻石形成的年龄约为（　　）亿年。

A. 10　B. 33　C. 15　D. 20

5. 赋存钻石的金伯利岩未风化前常呈蓝灰色，被称为（　　）。

A. 黄地　B. 蓝地　C. 灰地　D. 黑地

6. 耐风化的、能与钻石共生的矿物是（　　）。

A. 镁铝榴石铬透辉石　B. 镁钛铁矿碱镁角闪石

C. 铬透辉石镁钛铁矿　D. 铬镁铝榴石镁钛铁矿

7. 根据赋矿岩石特征，目前钻石原生矿可大致分为（　　）两种。

A. 金伯利岩、钾镁煌斑岩　B. 金伯利岩、橄榄岩

C. 榴辉岩、橄榄岩　D. 金伯利岩、榴辉岩

8. 世界上绝大多数钻石原生矿属于（　　）矿床。

A. 金伯利岩型　B. 钾镁煌斑岩型

C. 橄榄玄武岩型　D. 二辉橄榄岩型

9. 钻石主要产于（　　）中。

A. 酸性岩　B. 中性岩　C. 碱性岩　D. 超基性岩

10. 钻石的原生矿与（　　）有关。

A. 火成岩　B. 沉积岩　C. 变质岩　D. 花岗岩

11. 金伯利岩的名称取自于南非的一个（　　）。

A. 矿名　B. 人名　C. 地名　D. 山名

12. 金伯利岩暴露大气后易风化，形成一种称为（　　）的岩石地貌。

A. 蓝地　B. 绿地　C. 黄地　D. 黑地

13. 澳大利亚曾发现由（　　）形成的金刚石原生矿。

A. 角砾云母橄榄岩　B. 钾镁煌斑岩
C. 二辉橄榄岩　D. 橄榄玄武岩

14. 澳大利亚的阿盖尔钻石矿的岩性为（　）。
A. 金伯利岩　B. 二辉橄榄岩　C. 橄榄玄武岩　D. 钾镁煌斑岩

15. 钻石砂矿主要成矿期是在（　）。
A. 前寒武纪和新生代　B. 前寒武纪和古生代
C. 古生代和中生代　D. 中生代和新生代

16. 前寒武纪含钻石砾岩具有较大的工业价值，占世界钻石产量的（　）。
A. 10%　B. 12%　C. 15%　D. 17%

17. 全球钻石分布极不均衡，其中（　）是最主要的产地。
A. 亚洲　B. 欧洲　C. 非洲　D. 拉丁美洲

18. 世界金刚石产量中（　）来自砂矿体。
A. 5%　B. 15%　C. 25%　D. 35%

19. 南非首颗金刚石于（　）年发现在奥伦治河阶地中。
A. 1866　B. 1870　C. 1871　D. 1890

20. 世界第一巨钻（　）产自南非。
A. “温斯顿”　B. “琼克尔”　C. “库利南”　D. “高贵无比”

21. 号称金刚石储量全球最大钻石矿的是（　）。
A. 奥拉帕岩筒　B. 杰旺年岩筒　C. 莱特哈尼岩筒　D. 马加旺岩筒

22. 位居世界第二，博茨瓦纳最大的钻石岩筒是（　）。
A. 奥拉帕岩筒　B. 杰旺年岩筒　C. 莱特哈尼岩筒　D. 马加旺岩筒

23. 刚果民主共和国众多钻石原生矿中，以（　）地区产的钻石质量较好。
A. 布什玛依　B. 切卡帕　C. 开赛河　D. 卡萨吉

24. 目前刚果民主共和国的金刚石产量约占全球总产量的（　）。
A. 8%　B. 10%　C. 12%　D. 15%

25. 安哥拉隆达地区所产的金刚石，其中宝石级的高达（　）。
A. 50%　B. 60%　C. 70%　D. 80%

26. 安哥拉金刚石产量的（　　）经由 DTC 销售。

A. 50%　　B. 60%　　C. 70%　　D. 80%

27. 塞拉利昂国所产的金刚石中，（　　）达到宝石级。

A. 40%　　B. 50%　　C. 60%　　D. 60%以上

28. 加纳国金刚石主要来源于（　　）。

A. 火山原生矿　　B. 砂矿　　C. 天外陨石　　D. A 和 B 都正确

29. 澳大利亚的钻石矿主要集中在（　　）地区。

A. 东澳　　B. 西澳　　C. 南澳　　D. 北澳

30. 澳大利亚阿盖尔矿山以产（　　）钻石而闻名。

A. 粉红和紫红色　　B. 无色　　C. 绿色　　D. 靛色

31. 近些年，呈异军突起的产钻大国是（　　）。

A. 南非　　B. 印度　　C. 加纳　　D. 加拿大

32. 2006 年以来，加拿大钻石产量占全世界钻石总量 17%，已成为全球（　　）产钻大国。

A. 第二　　B. 第三　　C. 第四　　D. 第五

33. 俄罗斯金刚石产量现约占全球总产量的（　　）。

A. 10%　　B. 20%　　C. 25%　　D. 30%

34. 俄罗斯西伯利亚所产的金刚石原生矿 90%呈（　　）几何形态。

A. 八面体　　B. 菱形十二面体　　C. 立方体　　D. 碎粒不规则状

35. （　　）是世界上最早发现金刚石的国家。

A. 南非　　B. 巴西　　C. 印度　　D. 安哥拉

36. 重达 410ct 的（　　）钻石产自印度。

A. “雷兹”　　B. “摄政王”　　C. “大莫卧尔”　　D. “沃耶河”

37. 中国（　　）地区是金刚石的主要产区。

A. 辽宁瓦房店和山东蒙阴　　B. 辽宁瓦房店和湖南沅江

C. 山东蒙阴和湖南沅江　　D. 湖南桃源和贵州凯里

38. 迄今为止，中国国内发现的最大的钻石原石是（　　）。

A. 金鸡钻石　　B. 常林钻石　　C. 陈埠一号钻石　D. 元红钻石

钻石矿的开采、分选与回收

一、判断题（将判断结果填入括号中。正确的填“√”，错误的填“×”）

1. 我国采用跳汰选矿法分选钻石矿耗水能小，分选效果好。（　　）
2. 钻石矿精选的目的是使钻石与重矿物分离从而得到钻石。（　　）

二、单项选择题（选择一个正确的答案，将相应的字母填入题内的括号中）

1. 钻石原生矿开采主要有（　　）开采两种形式。
   A. 露天与地下　　B. 露天与干河床
   C. 矿房式与湿河床　　D. 干河床与矿块崩落
2. 矿房式开采钻石原生矿特点是（　　）。
   A. 蓝地采出量高、费用低、劳动强度大
   B. 蓝地采出量高、费用高、劳动强度大
   C. 蓝地采出量高、费用低、劳动强度小
   D. 蓝地采出量低、费用低、劳动强度小
3. 钻石砂矿开采主要有（　　）开采两种形式。
   A. 河流冲积砂矿与海洋砂矿　　B. 海洋砂矿与干砂矿床
   C. 干砂矿床与湿砂矿床　　D. 湿砂矿床与滨外砂矿床
4. 开采河流冲积钻石砂矿可细分为（　　）两种类型。
   A. 湿砂矿床与古海滩砂矿　　B. 湿砂矿床与干砂矿床
   C. 滨外砂矿与现代海滩矿床　　D. 滨外砂矿与干砂矿床
5. 在中国，钻石矿粗选主要采用（　　）。
   A. 淘洗盘选矿法　　B. 重介质选矿法
   C. 跳汰选矿法　　D. 表层浮选法
6. 跳汰分选钻石的介质是（　　）。
   A. 水　　B. 重液　　C. 油液　　D. 蜡液

7. X光电选矿法主要依据钻石（　　）的特征。

A. 亲油疏水　　B. X射线下发浅蓝色荧光

C. 磁性发光　　D. 热量传感

8. 油脂选矿法主要依据钻石（　　）的特性。

A. 亲油疏水　　B. X射线下发浅蓝色荧光

C. 磁性发光　　D. 热量传感

钻石检测仪器、工具

一、判断题（将判断结果填入括号中。正确的填“√”，错误的填“×”）

1. 检验放大镜质量好坏可用方格毫米图形，观察其是否变形来确定。（　　）

2. 宝石镊子挑选品质优劣，讲究材质的弹性。（　　）

3. 电子数量卡尺带有显示屏，可直接显示钻石质量。（　　）

4. 在丘比特观测镜下能见“八心八箭”图形的钻石也称“丘比特工”。（　　）

5. 钻石比色板（槽）要求为白色的原因，是基于白色背景可排除分级环境中其他光线影响的考虑。（　　）

6. 宝石（含钻石）在长波下的荧光强度通常大于短波下的荧光强度。（　　）

7. 热导仪可用来区分天然钻石与人工合成钻石。（　　）

8. 反射仪在测试高折射率的宝石时更为有用。（　　）

9. 偏光仪不适用于不透明宝石的测试。（　　）

10. 折射仪中的棱镜材质柔软易损，故测试中放置宝石时须格外小心。（　　）

11. 宝石都可产生吸收光谱，故可用图谱来鉴定宝石。（　　）

12. 宝石的相对密度的标准计量单位为 g/cm^3。（　　）

13. 宝石显微镜可用来寻找鉴别天然与合成宝石、优化处理宝石的证据。（　　）

14. 从钻石比率仪刻度上获取的待测钻石各部分比率数据须经有关公式计算，才可了解该粒钻石切工比率与理想比率的偏差。（　　）

15. 大多数的钻石在X射线激发下都会发荧光，且荧光颜色通常为蓝白色。（　　）

16. 天然钻石在阴极发光仪下大多会显示相对均匀的蓝色或蓝白色，且发光区形态不受生长区控制。（　　）

17. 拉曼光谱分析测试技术可用来鉴别天然钻石与铅玻璃充填处理的钻石。（　　）

二、单项选择题（选择一个正确的答案，将相应的字母填入题内的括号中）

1. 10倍放大镜的工作距离一般为（　　）cm。

A. 1.5　B. 2.5　C. 3.5　D. 3.0

2. 正常眼睛的明视距离约为（　　）cm，即能长时间清晰观看而不易感觉疲劳的最短观察距离。

A. 10　B. 15　C. 20　D. 25

3. 作钻石分级时，常使用的是（　　）钻石专用镊子。

A. 小号　B. 中号　C. 小～中号　D. 大号

4. 宝石镊子依据（　　）来细分不同大小型号。

A. 尖端　B. 带锁　C. 不带锁　D. 内侧凹槽

5. 杠杆式卡（量）尺测量镶嵌钻石，精度可达（　　）mm。

A. 0.01　B. 0.02　C. 0.03　D. 0.04

6. 杠杆式卡（量）尺钟型度盘上的刻度肉眼可估测到（　　）mm。

A. 0.01　B. 0.02　C. 0.03　D. 0.04

7. 丘比特观测镜是（　　）由日本人发明的一种观察圆钻型切工优劣的小型专用仪器。

A. 20世纪60年代　B. 20世纪70年代

C. 20世纪80年代　D. 20世纪90年代

8. 能在丘比特观测镜中清晰地看到“八心八箭”图形的钻石，则说明该粒钻石切工具有（　　）的对称性。

A. 很好　B. 较好　C. 一般　D. 差

9. 钻石比色板（槽）要求达到（　　）效果。

A. 白色　B. 无荧光　C. 无反光　D. 以上都正确

10. 常见的钻石比色板（槽）外形上呈（　　）。

A. U字形　B. V字形　C. 长方形　D. 正方形

11. 紫外线是波长在（　）nm之间的电磁波。

A. 0～200　B. 10～200　C. 10～300　D. 10～400

12. 紫外灯对鉴定（　）有用，其荧光发光强度和颜色会不均匀。

A. 立方氧化锆　B. 钇铝榴石　C. 钆镓榴石　D. 群镶钻石

13. 热导仪是根据钻石的（　）设计并制造的一种用途较为专一的鉴定仪器。

A. 热膨胀性　B. 导热性　C. 熔点　D. 可燃性

14. 热导仪无法区分下列（　）宝石。

A. 钻石与钛酸锶　B. 钇铝榴石与钻石

C. 钻石与碳硅石　D. 钻石与立方氧化锆

15. 反射率低于（　）的宝石不宜使用反射仪来测其反射率。

A. 1.50　B. 1.60　C. 1.70　D. 1.80

16. 用反射仪测得一组宝石的反射率，反射率为（　）的那颗宝石是钻石。

A. 17.23%　B. 8.66%　C. 20.97%　D. 13.33%

17. 从光学性质而论，（　）宝石在偏光仪下转动360°，视域中呈全暗。

A. 均质体　B. 非均质体　C. 多晶质　D. 一轴晶

18. 钻石属于（　）宝石，故在偏光仪下转动360°，视域中呈全暗。

A. 等轴晶系　B. 一轴晶　C. 二轴晶　D. 非均质体

19. 常规的折射仪只能测试小于（　）折射率的宝石。

A. 1.50　B. 1.60　C. 1.70　D. 1.80

20. 钻石的折射率高达（　），故不能用常规的折射仪来测定其折射率。

A. 2.65　B. 2.81　C. 2.42　D. 2.15

21. 目前，鉴定宝石（含钻石）吸收光谱的分光镜有（　）种类型。

A. 1　B. 2　C. 3　D. 4

22. 棱镜式分光镜有利于观察宝石（　）光谱特征。

A. 红区　B. 橙区　C. 黄区　D. 紫区

23. 对于宝石（含钻石）质量的称重，现行国家标准要求天平精确到（　）g。

A. 0.01　B. 0.001　C. 0.000 1　D. 0.000 01

24. 无论用何种天平称重宝石（含钻石），都必须将天平（ ）。

A. 保持水平　　B. 调至零位

C. 称重时相对静止　　D. 以上都正确

25. 宝石显微镜可用于观察宝石（含钻石）的（ ）。

A. 内部特征

B. 外部特征

C. 内、外部特征

D. 内、外部特征，甚至配加附件扩展其应用范围

26. 显微镜保养要注意（ ）。

A. 防尘　B. 防潮　C. 防震　D. 以上都正确

27. 钻石比率仪是用以测量钻石切工的一种投影比例的设备，由（ ）制造。

A. GIA　B. HRD　C. IDC　D. CIBJO

28. 钻石比率仪主要用于检测钻石（ ）。

A. 颜色　B. 净度　C. 质量　D. 切工

29. X射线在宝石鉴定中可（ ）。

A. 测试化学成分　B. 区分宝石真伪　C. 确定晶体结构　D. A和C都正确

30. 用X射线照向下列钻石与仿钻品，结果（ ）允许X射线透过并使胶片曝光而显透明。

A. 钻石　B. 立方氧化锆　C. 钛酸锶　D. 钆镓榴石

31. （ ）可用于区分天然钻石与合成钻石。

A. 热导仪　B. 阴极发光仪　C. 红外光谱仪　D. 紫外荧光仪

32. （ ）在阴极发光仪下会呈现规则的几何对称图形。

A. 天然钻石　B. 优化钻石　C. 合成钻石　D. 彩色钻石

33. 拉曼光谱对宝石某些检测项目具有较高分辨率，且具有快速无损优点，可用来测试钻石的（ ）。

A. 包体类型　B. 成因类型　C. 净度等级　D. 物质成分

34. 利用拉曼光谱谱线特征，可区分天然钻石与（ ）钻石。

A. HPHT 合成　B. 镀膜　C. 辐照　D. CVD 合成

钻石真伪鉴别

一、判断题（将判断结果填入括号中。正确的填“√”，错误的填“×”）

1. 用透视法观察立方氧化锆，透过立方氧化锆看纸面字迹几乎无法辨别。（　）

2. 用倾斜试验对比钻石，通常折射率小于 2.00 的无色宝石冠部离观察者最远端会出现一个较大的暗窗。（　）

3. 亮度即为宝石冠部的外反射和经内部全反射返出光亮的总和。（　）

4. 宝石折射率与二碘甲烷的折射率差越小，宝石在该液体中轮廓越清晰。（　）

5. 用阴影图法区别钻石与仿钻品，其优点是不受样品大小限定。（　）

6. 合成碳硅石与钻石的色散值很接近，故两者火彩都很柔和。（　）

7. 观察钻石与仿钻品的底面闪光效应，需注意闪光颜色与覆盖亭部刻面的范围。（　）

8. 在仿钻品台面上进行划线试验可见断续的点线，都是因其不具亲油性的缘故。（　）

9. 用水滴试验区分钻石与仿钻品，要求待测样品表面干净无污。（　）

10. 仿钻品因热导率高，故哈气试验雾气消失得慢。（　）

11. 在室温下用舌尖或皮肤接触钻石与仿钻品，温凉感觉常常是一样的。（　）

12. 同一钻石中不可能同时出现两种不同成因的包体。（　）

13. 留在仿钻品刻面上的抛光痕，相邻刻面上的方向大致相同。（　）

14. 天然钻石“糖化”腰实际是腰围粗磨后呈毛玻璃似的霜冻状。（　）

15. 钻石中出现的孤立片状或阶梯状的裂纹，其实显示的是初始解理。（　）

16. 在钻石的内部有时还可看到因双晶发生错动而形成的丝网状特征的内含物。（　）

17. 观察钻石表面纹理需用暗域照明；观察内部纹理需用反射照明。（　）

18. 钻石属均质体，不具有小刻面棱重影现象。（　）

19. 一颗同质量的锆石与钻石相比，锆石的颗粒要小些。（　）

20. 托帕石的折射率要比水晶折射率高。（ ）

21. 蓝宝石的折射率要比合成尖晶石折射率低一些。（ ）

22. 水晶的摩氏硬度要比绿柱石摩氏硬度大一些。（ ）

23. 作为钻石替代品的无色绿柱石由于密度低，用静水称重法也可将它与钻石区分开来。（ ）

24. 立方氧化锆的火彩要比钻石强。（ ）

25. 钇铝榴石不具有双折射率。（ ）

26. 钆镓榴石由于摩氏硬度低，故其刻面棱线常有磨蚀圆化现象。（ ）

27. 和钆镓榴石相比，钛酸锶的密度要大得多。（ ）

28. 合成金红石密度要比锆石密度小一些。（ ）

29. 合成尖晶石的折射率要比钻石折射率低。（ ）

30. 合成碳硅石火彩要比钻石强，但亮度却不及钻石。（ ）

31. 玻璃仿钻石大多是用一种含氧化铅的铅玻璃制成的。（ ）

二、单项选择题（选择一个正确的答案，将相应的字母填入题内的括号中）

1. 用透视法观察，（ ）光线不能通过亭部刻面，故看不到纸上的线条。

A. 钻石　B. 无色蓝宝石　C. 无色水晶　D. 无色锆石

2. 用透视试验鉴别钻石真伪方法不适合于（ ）。

A. 切工好的钻石　B. 镶嵌钻石　C. 成品裸钻　D. 圆形钻

3. 用倾斜试验区分钻石与仿钻品，（ ）几乎看不到暗窗。

A. 钇铝榴石　B. 钆镓榴石　C. 钻石　D. 无色蓝宝石

4. 用倾斜试验区分钻石与仿钻品，（ ）冠部离观察者最远部分会出现一个较大的暗窗。

A. 钇铝榴石　B. 钆镓榴石　C. 钻石　D. 无色蓝宝石

5. 在同环境同光源下，台面朝上观察宝石，钇铝榴石亮度要比钻石（ ）。

A. 弱　B. 弱得多　C. 强　D. 强得多

6. 用亮度强弱观察来区分钻石与仿钻品，是以钻石（ ）相对较大为依据的鉴别方法。

A. 折射率　B. 密度　C. 二色性　D. 双折射率

7. 浸液试验是依据浸液与不同宝石（　）的差异所显现的轮廓清晰度，来区分钻石与仿钻石。

A. 折射率　B. 色散率　C. 密度　D. 发光性

8. 在浸液二碘甲烷中，（　）宝石边缘轮廓突起明显。

A. 无色蓝宝石　B. 合成无色尖晶石

C. 钙铝榴石　D. 合成金红石

9. 在二碘甲烷溶液中，台面朝下的（　）在电筒照射下可显黑圈阴影图。

A. 钻石　B. 钛酸锶

C. 合成立方氧化锆　D. 钆镓榴石

10. 在二碘甲烷溶液中，台面朝下的（　）在电筒照射下可显阳光放射阴影图。

A. 钻石　B. 钛酸锶

C. 合成立方氧化锆　D. 钆镓榴石

11. 合成金红石的色散值高达（　）倍，故有刺眼的多彩外观。

A. 2　B. 3　C. 4　D. 7

12. （　）的色散值与钻石色散值很接近。

A. 立方氧化锆　B. 钆镓榴石　C. 钇铝榴石　D. 锆石

13. 观察钻石与仿钻品的底面闪光效应，（　）在亭部会出现近一半的橘黄色、蓝色闪光现象。

A. 立方氧化锆　B. 钆镓榴石　C. 钇铝榴石　D. 钻石

14. 观察钻石与仿钻品的底面闪光效应，（　）仅在亭部约 1/4 处出现黄色、蓝色闪光现象。

A. 立方氧化锆　B. 钆镓榴石　C. 钇铝榴石　D. 钻石

15. 用划线试验区分钻石与仿钻品，是以钻石具有（　）为依据的一种鉴别方法。

A. 导电性　B. 热导性　C. 亲油性　D. 磁性

16. 用油基笔分别在钻石与仿钻品上进行划线试验，（　）台面上会留下断续的点线。

A. 粉钻　B. 镶嵌钻　C. 无色钻　D. 仿钻品

17. 在钻石与一些仿钻品上同时滴一滴小水珠，在（　　）上水滴将会长时间保持球形。

A. 钇铝榴石　B. 钆镓榴石　C. 钛酸锶　D. 钻石

18. 将下列钻石与仿钻品作水滴试验，（　　）上的水滴会在短时间内散开。

A. 粉钻　B. 镶嵌钻　C. 成品裸钻　D. 仿钻品

19. 对下列这些宝石进行哈气试验，（　　）的雾气消失最快。

A. 钇铝榴石　B. 钆镓榴石　C. 钻石　D. 钛酸锶

20. 用哈气的方法区分钻石与仿钻品，是以钻石（　　）为依据的鉴别方法。

A. 热导性　B. 亲油性　C. 导电性　D. 疏水性

21. 在室温下，用舌尖分别接触钻石与仿钻品，（　　）要凉得多。

A. 钇铝榴石　B. 钛酸锶　C. 立方氧化锆　D. 钻石

22. 用感觉试验区分钻石与仿钻品是以钻石具有（　　）为依据的鉴别方法。

A. 导电性　B. 膨胀性　C. 导热性　D. 亲油性

23. 钻石中出现的包体大多为（　　）包体。

A. 固态　B. 液态　C. 气态　D. 混合

24. 钻石负晶在宝石显微镜（　　）照明下为白色或无色，多呈八面体形态。

A. 亮域　B. 暗域　C. 透射　D. 散射

25. 仿钻品的棱线和角常因材料硬度偏低而呈现（　　）。

A. 圆滑　B. 锋利　C. 尖锐　D. 平直

26. 仿钻品材料柔软，加之抛磨不精细，因而会在其刻面上留下较明显的（　　）。

A. 击痕　B. 擦痕　C. 烧痕　D. 激光痕

27. 标准天然圆钻腰围通常是“糖化”的，称为（　　）。

A. 抛光腰　B. 粗磨腰　C. 刻面腰　D. 波状腰

28. 仿钻品抛光腰围上常可见（　　），且与腰棱平行或斜交。

A. 抛光纹　B. 解理纹　C. 研磨线　D. 生长线

29. 仿钻品腰围处受力后形成的缺口边，常呈（　　）断口。

A. “V”字形　B. “U”字形　C. 参差状　D. 贝壳状

30. 钻石腰围中出现的“须状腰”特征，实际是（　）过程中用力过猛所致。

A. 劈钻　B. 车钻　C. 粗磨　D. 细磨

31. 双晶缝合线在钻石晶体表面或抛光刻面上主要表现为（　）。

A. 直线　B. 折线　C. 弯曲线　D. 直线或简单折线

32. 在钻石中可形成（　）双晶。

A. 接触　B. 星状穿插　C. 轮式　D. 以上都正确

33. 纹理是发育在（　）钻石表面或内部的一种生长痕迹。

A. 天然　B. 合成　C. 人造　D. 人工

34. 钻石（　）显现的特点是：在刻面上沿一个或多个方向的多条平行排列，且间距相似的细线。

A. 内部纹理　B. 表面纹理　C. 表面抛光痕　D. 内部云状薄带

35. （　）均具很大双折射率值，易观察到小刻面棱重影现象。

A. 天然锆石与托帕石　B. 合成金红石与水晶

C. 合成碳硅石与天然锆石　D. 天然托帕石与水晶

36. （　）中可观察到刻面重影现象。

A. 立方氧化锆　B. 无色尖晶石　C. 钛酸锶　D. 碳硅石

37. 锆石为一种（　）。

A. 合成立方氧化锆　B. 天然宝石

C. 合成碳硅石　D. 人造立方氧化锆

38. 锆石的密度为（　）g/cm³，与钆铝榴石接近。

A. 4.57　B. 4.68　C. 3.52　D. 3.53

39. 托帕石的密度为（　）g/cm³，几乎与钻石密度相同。

A. 3.53　B. 3.22　C. 3.63　D. 3.52

40. 托帕石的摩氏硬度与钇铝榴石相同，同为（　）级。

A. 7.5　B. 8　C. 8.5　D. 9

41. 蓝宝石的色散值要比钻石低，为（　）。

A. 0.013　B. 0.014　C. 0.018　D. 0.028

42. 蓝宝石的密度与合成金红石接近，为（ ）。

A. 4.00 B. 4.25 C. 4.65 D. 4.68

43. 水晶的双折射率为（ ），与蓝宝石双折射率几乎相同。

A. 0.006 B. 0.008 C. 0.009 D. 0.010

44. 水晶的折射率为（ ），与绿柱石折射率相当。

A. 1.54 B. 1.57 C. 1.61 D. 1.63

45. 绿柱石折射率与（ ）的折射率接近。

A. 水晶 B. 托帕石 C. 蓝宝石 D. 锆石

46. 绿柱石硬度为7.5，与（ ）相同。

A. 水晶 B. 锆石 C. 托帕石 D. 蓝宝石

47. 立方氧化锆俗称（ ）。

A. 苏联钻 B. 美国钻 C. 瑞士钻 D. 荷兰钻

48. 一颗同质量的立方氧化锆与钻石不等大，是因为（ ）。

A. 立方氧化锆密度大，颗粒要小些

B. 立方氧化锆密度小，颗粒要大些

C. 钻石硬度大，分子密度大，颗粒要小些

D. 立方氧化锆火彩强，感觉上要大些

49. 钇铝榴石的英文缩写为（ ）。

A. YAC B. YAG C. GGG D. YGC

50. 钇铝榴石密度为（ ）g/cm³，接近锆石密度。

A. 4.57 B. 4.68 C. 5.35 D. 5.65

51. 钆镓榴石的英文缩写为（ ）。

A. YAC B. YAG C. GGL D. GGG

52. 钆镓榴石的色散率为（ ），几乎与钻石不相上下。

A. 0.044 B. 0.045 C. 0.013 D. 0.014

53. 钛酸锶的折射率为（ ），几乎与钻石折射率相等。

A. 2.41 B. 2.42 C. 1.73 D. 1.76

54. 钛酸锶密度大，与（　　）密度接近。

A. 钻石　　B. 托帕石　　C. 合成尖晶石　　D. 立方氧化锆

55. 合成金红石光性为（　）。

A. 一轴晶正光性　　B. 一轴晶负光性

C. 二轴晶正光性　　D. 二轴晶负光性

56. 合成金红石色散率为（　　），比钻石高得多。

A. 0.104　　B. 0.130　　C. 0.190　　D. 0.280

57. 合成尖晶石折射率为（　　），与蓝宝石折射率接近。

A. 1.61　　B. 1.63　　C. 1.73　　D. 1.76

58. 合成尖晶石的摩式硬度与托帕石相等，同为（　　）级。

A. 7　　B. 7.5　　C. 8　　D. 8.5

59. 合成碳硅石双折射率为（　　），刻面棱线可见明显重影现象。

A. 0.023　　B. 0.043　　C. 0.059　　D. 0.090

60. 合成碳硅石的色散率要比（　　）色散率大得多。

A. 合成金红石　　B. 铌酸锂　　C. 钛酸锶　　D. 钻石

61. 铅玻璃摩氏硬度为（　　）级，故用其制成的仿钻品棱线易磨蚀圆化。

A. 5　　B. 5.5　　C. 6　　D. 6.5

62. 铅玻璃按晶体内部质点排列性划分，属（　　）。

A. 晶质体　　B. 非晶质体　　C. 均质体　　D. 非均质体

钻石加工

一、判断题（将判断结果填入括号中。正确的填“√”，错误的填“×”）

1. 现代钻石加工已进入了智能化、数字化的全新发展阶段。（　　）

2. 钻坯按形状可分为完晶类、可劈类和可琢类三大类。（　　）

3. 因材施艺是钻石加工的重要原则。（　　）

4. 品级好的原石应尽可能加工成圆钻。（　　）

5. 圆钻加工成品阶段，细磨和抛光工艺实质上是同一个操作工艺。 ( )
6. 钻坯设计的基本原则是最大限度实现钻石的商品价值。 ( )
7. 无论是劈钻还是锯钻，都要在标线的位置开一“V”型槽。 ( )
8. 钻石的光彩能否最佳地体现出来主要取决于车钻工序。 ( )
9. 钻石抛磨方向与纹理方向垂直，可实现高效抛磨目的。 ( )
10. 钻石抛磨工序完成后，需将钻石放入浓硫酸、盐酸或硝酸钾中处理清洗。 ( )
11. 小钻石在加工过程中不需要进行工艺设计。 ( )
12. 大、中钻石的加工，需要不少于两次的工艺设计。 ( )
13. 穿插双晶和接触双晶的加工难度相差较大。 ( )
14. 钻石各项比率组合的合理性，主要是指台宽比与亭深比的组合合理性。 ( )
15. 钻石的全深比不能用游标卡尺检验。 ( )
16. 钻石的台宽比不能用游标卡尺检验。 ( )
17. 钻石的腰厚比可用游标卡尺检验。 ( )
18. 钻石的亭深比能用游标卡尺检验。 ( )
19. 钻石的冠高比用游标卡尺检验误差较大。 ( )
20. 钻石原石中加工成花式钻石仅占10%～20%。 ( )
21. 理想型的钻石期底尖的大小刚好以防止磨损或崩缺为佳。 ( )
22. 用10倍放大镜目测钻石冠角时，可采用侧视目估或正视目估。 ( )
23. 标准的圆钻亭角在40°～42°为最佳。 ( )
24. 钻石台宽比的检验，用比率仪测量的精度较高。 ( )
25. 钻石琢型可分圆型钻和异型钻，其中异型钻又可细分多种款式。 ( )
26. 全球约有10%的钻石原石加工成花式琢型的钻石。 ( )
27. 早期的圆钻缺乏火彩效应。 ( )
28. 现代圆钻是根据光学原理，各刻面经过精确计算成型的。 ( )

二、单项选择题（选择一个正确的答案，将相应的字母填入题内的括号中）

1. 古印度钻石工匠公元前3000年就了解了用（ ）打磨钻石的手工艺方法。

A. 利器　B. 尖石　C. 钻石　D. 石器

2. 钻石加工工艺本质是（　）出造型。

A. 加法　B. 减法　C. 琢磨　D. 雕磨

3. 加工任何琢型的钻石，其中（　）两道工序必不可少。

A. 设计与锯钻　B. 设计与磨钻　C. 劈钻与车钻　D. 设计与车钻

4. 加工片状钻坯有时不需用（　）工艺。

A. 劈与锯　B. 劈与车　C. 锯与车　D. 车与磨

5. 钻石加工取料阶段主要采用（　）实施加工。

A. 劈钻工艺　B. 锯钻工艺　C. 粗磨工艺　D. 以上都正确

6. 钻石取料阶段加工主要为（　）流程。

A. 劈钻加工　B. 锯切加工　C. 单颗加工　D. 锯切加工和单颗加工

7. 成型阶段首先加工钻石的（　）成型。

A. 冠部　B. 亭部　C. 腰形　D. 底尖

8. 钻石成型阶段主要采用（　）实施加工。

A. 细磨工艺　B. 粗磨工艺　C. 车钻工艺　D. 以上都正确

9. 钻石成品阶段主要采用（　）实施加工。

A. 粗磨工艺　B. 细磨工艺　C. 抛光工艺　D. 细磨与抛光工艺

10. 小粒钻石在成品阶段加工通常采取（　）顺序。

A. 先磨亭部后磨冠部　B. 先磨冠部后磨亭部

C. 先磨腰围后磨冠部　D. 先磨亭部后磨底尖

11. 钻坯的设计目的是（　）。

A. 审查钻坯　B. 确定加工琢型

C. 确定加工工艺程序　D. 以上都正确

12. 计算机辅助设计系统主要用于（　）钻坯。

A. 晶形差　B. 净度低　C. 颜色偏　D. 晶形好、净度好

13. 钻石纹理方向的确定有助于钻石的分割，劈开钻石往往（　）。

A. 垂直纹理方向　B. 平行纹理方向

C. 斜交纹理方向　　D. 可随纹理任一方向

14. 钻石纹理方向的确定有助于钻石的分割，锯开钻石往往（　　）。

A. 垂直纹理方向　　B. 平行纹理方向

C. 斜交纹理方向　　D. 可随纹理任一方向

15. 车钻是实现钻石（　　）的最重要的工序之一。

A. 设计　B. 劈开　C. 锯开　D. 抛磨

16. 车钻过程可细分为（　　）。

A. 粗车、精车、打边　　B. 粗车、打边、抛光

C. 精车、打边、抛光　　D. 粗车、精车、抛光

17. 加工钻坯时要了解同一钻石不同的晶面硬度的差异，按晶面硬度差异大小排列正确的是（　　）。

A. 八面体晶面硬度＞立方体晶面硬度＞菱形十二面体晶面硬度

B. 八面体晶面硬度＞菱形十二面体晶面硬度＞立方体晶面硬度

C. 立方体晶面硬度＞菱形十二面体晶面硬度＞八面体晶面硬度

D. 菱形十二面体晶面硬度＞立方体晶面硬度＞八面体晶面硬度

18. 加工钻坯时要了解四尖石台面会出现（　　）。

A. 一向纹理　B. 二向纹理　C. 三向纹理　D. 三角形纹理

19. 抛磨圆钻小刻面（冠部24个、亭部16个）通常采用（　　）方法。

A. 多面抛磨　B. 交叉抛磨　C. 按序抛磨　D. 交棱抛磨

20. 圆多面琢型的钻石在磨钻时的损耗率约为（　　）。

A. 25%～30%　B. 30%～35%　C. 35%～40%　D. 40%～45%

21. 圆钻加工的成品阶段，小的钻石应采用（　　）的工艺流程。

A. 先磨亭部　B. 先磨台面　C. 先磨上腰面　D. 先磨腰部

22. 小钻的加工流程中，成品阶段的细磨抛光工艺应以（　　）。

A. 粗车为主　B. 细磨为主　C. 细磨抛光并重　D. 抛光为主

23. 圆钻加工的成品阶段，大、中钻石应采用（　　）的工艺流程。

A. 先磨亭部　B. 先磨冠部　C. 先磨腰部　D. 先磨底尖

24. 大、中钻的加工流程中，成型阶段主要用（　　）工艺加工圆钻腰形。

A. 车钻和磨腰面 B. 车钻 C. 磨腰面 D. 磨底尖

25. Ⅱ型钻石晶体在正常加工中（　　）产生裂纹。

A. 不易 B. 不可能 C. 容易 D. 可能

26. Ⅰa 型钻石晶体在正常加工中（　　）产生裂纹。

A. 不易 B. 不可能 C. 较容易 D. 可能

27. 在钻石的主要切工比率中，（　　）的要求相对较高。

A. 冠高比 B. 腰厚比 C. 亭深比 D. 底尖比

28. 在钻石的切工比率分级评价中，钻石（　　）的评价标准是一致的。

A. 冠角 B. 冠高比 C. 底尖比 D. 亭深比

29. 钻石外形度量简捷的方法可以用（　　）测量。

A. 比率仪 B. 10 倍放大镜 C. 钻石卡尺 D. 宝石显微镜

30. 钻石检验用游标卡尺的精度应达（　　）mm 以上。

A. 0.02 B. 0.03 C. 0.04 D. 0.05

31. 钻石的台宽比可以用（　　）检验。

A. 10 倍放大镜 B. 游标卡尺 C. 钻石卡尺 D. 量规

32. 用 10 倍放大镜目测钻石台宽比时，应采用（　　）目测。

A. 弧度法 B. 线段比例法

C. 弧度法和线段比例法 D. 台影比法

33. 用 10 倍放大镜目测钻石腰厚比时，首先要找出钻石腰的（　　）。

A. 最厚处和最薄处 B. 最薄处

C. 最厚处 D. 缺口处

34. 用 10 倍放大镜目测钻石腰厚比时，需检查（　　）个目测点。

A. 10 B. 16 C. 8 D. 4

35. 用 10 倍放大镜目测钻石亭深比时，需从（　　）个不同方向判断台面影像的位置。

A. 2 B. 3 C. 4 D. 5

36. 用 10 倍放大镜目测钻石亭深比时，应采用（　　）目测。

A. 弧度法　B. 台影比法　C. 腰影比法　D. 台影比法与腰影比法

37. 圆钻冠高是由（　　）的角度和台面大小决定的。

A. 冠主面　B. 上腰面　C. 星面　D. 冠部

38. 钻石的冠高比可以用（　　）检验。

A. 比率仪　B. 10倍放大镜　C. 游标卡尺　D. 宝石显微镜

39. 钻石的全深比可以用（　　）检验。

A. 比率仪　B. 10倍放大镜　C. 宝石显微镜　D. 丘比特镜

40. 钻石的全深比等于（　　）。

A. 全深/直径　B. 全深/直径平方

C. 全深/直径×100％　D. 全深/平均直径×100％

41. 钻石的底尖大小与钻石尺寸大小有着直接的关系，底尖比＞0％，钻石就（　　）。

A. 越小　B. 越大　C. 大小都有可能　D. 无规律

42. 钻石底小面大，会使钻石（　　）。

A. 增加亮度　B. 增强火彩　C. 漏光　D. 漏光，并降低亮度

43. 钻石冠角不变，台面越大，冠高（　　）。

A. 越大　B. 越小　C. 越不标准　D. 大小无规律

44. 钻石台面不变，冠角越大，冠高比（　　）。

A. 越大　B. 越小　C. 越不标准　D. 大小无规律

45. 圆钻的亭深是由（　　）的角度决定的。

A. 下腰面　B. 亭部主刻面

C. 亭部棱面　D. 下腰面或亭部主刻面

46. 亭角是（　　）与腰部水平面的夹角。

A. 下腰面　B. 亭部主刻面

C. 亭部棱面　D. 下腰面或亭部主刻面任一面

47. 在“很好”比率级别中，大钻石的腰厚比应取（　　）为好。

A. 较小的　B. 中等的　C. 较大的　D. 很大的

48. 用比率仪测量钻石腰厚比时，D形夹需旋转（　　）。

A. 120°　B. 180°　C. 90°　D. 60°

49. 标准的圆钻通常有（　）个刻面。

A. 33　B. 25　C. 57　D. 57～58

50. 标准的圆型钻冠部刻面有（　）个星刻面、（　）个风筝面、（　）个上腰面和 1 个台面。

A. 8，8，16　B. 8，16，8　C. 16，8，8　D. 8，8，8

51. 始于 16 世纪的玫瑰琢型的钻石，重量损失小，观赏效果好，不足的是（　）。

A. 亮度不够　B. 火彩不足　C. 镶嵌困难　D. 切磨耗时

52. 始于 20 世纪的现代明亮式琢型的钻石也称（　）。

A. 美国理想式琢型　B. 斯堪的纳维亚琢型

C. 艾普洛精致式琢型　D. 约翰逊理想琢型

53. 早期圆钻的重要特征之一是（　）。

A. 不圆　B. 带四方形　C. 带椭圆形　D. 带三角形

54. 早期圆钻的重要特征之一是（　）。

A. 冠部高　B. 冠角大　C. 台面小冠角大　D. 底小面小

55. 圆钻琢型占到全世界加工量的（　）以上。

A. 80%　B. 90%　C. 95%　D. 99%

56. 极小的圆钻常加工成（　）个面。

A. 17　B. 25　C. 57　D. 58

57.（　）属花式钻中的圆钻琢型。

A. 椭圆形钻石　B. 公主方琢型　C. 鸿运八方琢型　D. 老矿工琢型

58. 动植物、人物以及其他象形的钻石琢型应归于（　）的钻石。

A. 花式琢型　B. 奇异式琢型　C. 鸿运八方琢型　D. 阶梯形琢型

钻石分级

一、判断题（将判断结果填入括号中。正确的填“√”，错误的填“×”）

1. 克拉质量是确定钻石价格最基本的尺度，单粒钻价格可随克拉质量增加呈二次函数关系。（　）

2. 钻石的价值与“4C”的关系是钻石分级的核心问题。（　）

3. GIA 对钻石净度分级主张内、外部瑕疵并重。（　）

4. CIBJO 机构对钻石颜色分级已采用了与 GIA 相同的用英文字母表示颜色等级的方法。（　）

5. 国际钻石理事会前身是世界钻石交易所联合会和国际钻石制造工商协会。（　）

6. HRD 现已对钻石分级采用了《国际钻石分级标准》，即 IDC 标准。（　）

7. Scan D. N. 对钻石颜色分级尽管仍沿用老术语，但新版（1980 年）分级已将老术语同 GIA 字母色级对应。（　）

8. 钻石分级标准国际统一化已渐成趋势。（　）

9.《中华人民共和国国家钻石分级标准》（GB/T 16554—2003）对钻石切工分级增加了“测量项目和测量方法”。（　）

10. 经覆膜、裂隙充填等优化处理的钻石，其分级需按《中华人民共和国国家钻石分级标准》（GB/T 16554—2003）参照执行。（　）

二、单项选择题（选择一个正确的答案，将相应的字母填入题内的括号中）

1. 钻石“4C”分级是指（　）分级。

A. 颜色、净度、透明度、质量　　B. 颜色、净度、光泽、切工

C. 颜色、净度、切工、质量　　D. 颜色、大小、切工、光泽

2. 钻石“4C”分级指标中，“3C”为钻石天然属性，（　）指标反映了一定的人为因素。

A. 颜色　　B. 净度　　C. 质量　　D. 切工

3. 钻石分级体系的建立是出自（　）。

A. 对原石设计的要求　　B. 钻石贸易国际化需求

C. 对自然晶体形态归类的需要　　D. 对钻石切磨合理的把握

4. 完整的“4C”分级体系是由 GIA 于（　　）提出的。

A. 19 世纪中叶　B. 19 世纪末　C. 20 世纪初期　D. 20 世纪中叶

5. 率先系统提出钻石“4C 分级”规则的机构是（　　）。

A. HRD　B. GIA　C. IDC　D. CIBJO

6. GIA 对钻石切工分级要求从（　　）方面进行测量评价。

A. 比例　B. 对称性　C. 抛光　D. 以上都正确

7. CIBJO 机构总部设在（　　）。

A. 比利时　B. 美国　C. 英国　D. 德国

8. CIBJO 对钻石切工分级不进行（　　）评价。

A. 对称性　B. 抛光　C. 比例　D. A 和 C 都正确

9. IDC 通过量化（　　）μm 大小瑕疵来界定钻石“LC”与“VVS_1”级别。

A. 2　B. 3　C. 5　D. 6

10. IDC 通过测量有无 5μm 大小瑕疵来界定钻石（　　）级别。

A. LC 与 VVS_1　B. VVS_1 与 VVS_2　C. VS_1 与 VS_2　D. SI_1 与 SI_2

11. 国际上首个获得 ISO 9002 标准认证的成品钻石分级实验室是（　　）证书部。

A. HRD　B. GIA　C. IDC　D. CIBJO

12. HRD 对钻石净度分级最大特点是（　　）。

A. 定量化　B. 定性化　C. 文字化　D. 定量图示化

13. 斯堪的纳维亚钻石委员会机构是由（　　）四国组成的。

A. 瑞典、芬兰、挪威、丹麦　　B. 瑞士、芬兰、德国、英国

C. 英国、美国、德国、比利时　　D. 法国、英国、美国、比利时

14. 机构对钻石颜色分级（　　）。

A. 采用阿拉伯数字　　B. 仍沿用老术语

C. 采用新的英文字母　　D. A 和 C 都正确

15. 《抛光钻石分级——术语及分类》在钻石（　　）等方面未达成共识，因而草案被

搁浅。

A. 颜色分级　B. 加工比例　C. 检测方法　D. B 和 C 都正确

16.《抛光钻石分级——术语及分类》草案的拟就，其目的是使（　）。

A. 钻石分级全球统一　B. 全球钻石销量提升

C. 钻石市场区域细化　D. 国际钻坯有效配置

17.《中华人民共和国国家钻石分级标准》（GB/T 16554—2003）是由（　）于 2003 年发布的。

A. 国家珠宝玉石质量监督检验中心　B. 国家质量监督检验检疫总局

C. 国家质量技术监督局　D. 国家国土资源部

18.《中华人民共和国国家钻石分级标准》（GB/T 16554—2003）是由（　）负责起草完成的。

A. 国家珠宝玉石质量监督检验中心　B. 国家质量监督检验检疫总局

C. 国家质量技术监督局　D. 国家国土资源部

19.《中华人民共和国国家钻石分级标准》（GB/T 16554—2003）对未镶嵌和镶嵌抛光钻石的起始分级定为（　）ct。

A. 0.10　B. 0.20　C. 0.25　D. 0.47

20.《中华人民共和国国家钻石分级标准》（GB/T 16554—2003）适用于（　）未镶嵌和镶嵌抛光的圆型钻石分级。

A. 无色至浅黄色系列　B. 无色至浅黄（褐）色系列

C. 无色至浅黄（褐、灰）色系列　D. 彩色钻石

钻石 4C 分级

一、判断题（将判断结果填入括号中。正确的填“√”，错误的填“×”）

1. 钻石颜色分级采用比色法在规定的环境下对钻石颜色进行等级划分。（　）

2. 虽然钻石颜色分级的初级术语不少与产地有关，但实际上现在已无产地意义。（　）

3. 微带灰色的钻石比微带黄色的钻石难以观察，色级往往容易定得偏高。（ ）

4. 彩色钻石至今还没有全球统一的颜色分级标准。（ ）

5. 钻石的色级可以记忆在人的大脑里。（ ）

6. 钻石比色灯光源中不应含紫外光。（ ）

7. GIA 钻石分级标准规定比色石代表每一色级的下限。（ ）

8. 钻石分级标准光源须在一个完全消色的环境里才能保证光源的标准。（ ）

9. 有经验的钻石分级师不仅应熟悉每一色级，而且还能辨别出它们之间微弱的色差。（ ）

10. 作钻石颜色分级时，需对钻石进行清洁，以避免污垢对颜色辨别的影响。（ ）

11. 用作钻石比色的纸槽或比色板须选择无定向反射、无荧光的材料。（ ）

12. 采用比色石进行颜色分级是目前正确确定钻石色级的唯一方法。（ ）

13. 按中国钻石颜色分级标准，待测钻石色级介于相邻两粒比色石之间时，应取比色石较高色级作为待测钻石的颜色级别。（ ）

14. 钻石颜色分级是分级师对钻石色级所作的一种客观标准判断。（ ）

15. 具有强荧光的钻石会对其本身体色造成影响，进而影响到它的价格。（ ）

16.《中华人民共和国国家钻石分级标准》（GB/T 16554—2003）将钻石的荧光强度级别划分为弱、中、强、过强四个等级。（ ）

17. 钻石荧光强度分级采取的是目视判别方法。（ ）

18. 同一荧光强度的钻石，其强度上也会有轻微差异。（ ）

19. 钻石分级用的镊子要求钢质柔韧而有弹性，大号尖端最实用。（ ）

20. 钻石中矿物包体一般都呈较好的自形晶体。（ ）

21. 钻石内出现点状包体，由于颗粒太小不影响净度等级评定，故可忽略。（ ）

22. 云状物是钻石中呈朦胧状或乳状无清晰边界的包体。（ ）

23. 有内凹原晶面的天然晶面可经重新打磨去除，但会造成钻石质量损耗。（ ）

24. 羽状纹沿钻石任意方向破裂，其破裂面多呈阶梯状。（ ）

25. 钻石打圆过程中因操作不当会产生形似老人胡须状的细裂纹。（ ）

26. 钻石内部纹里密布时，会使整个钻石看上去有朦胧感。（ ）

27. 传统的钻石激光打孔处理技术始于20世纪60年代。（ ）

28. 破口与缺口同属钻石内部特征。（ ）

29. 击痕延伸至钻石内部时也称“碎伤”。（ ）

30. 钻石中空洞的形成也可能是因解理而崩落小块钻石所致。（ ）

31. 原晶面归属于钻石内部特征。（ ）

32. 内部纹理出露在钻石的表面即为表面纹理。（ ）

33. 额外刻面尽管可出现在钻石任何部位，但通常靠近底部腰围。（ ）

34. 抛光纹多发育于钻石亭部刻面、近底尖附近。（ ）

35. 刮伤痕在钻石表面常显很细的白线状。（ ）

36. 钻石上一旦出现烧痕，可以通过清洗的方法去除。（ ）

37. 钻石净度分级中见及的缺口与破口是一回事，都属其内部特征。（ ）

38. 钻石棱线磨损与外部特征缺口相比，属极轻微损伤。（ ）

39. 我国所定的无瑕级净度的钻石，GIA又将其细分为无瑕级（FL）与内部无瑕级（IF）。（ ）

40. 在10倍放大镜下，一般人眼能看见5 μm以上的瑕疵。（ ）

41. 内含物数量的多少关注的是钻石的可见度，而不是要求去统计其到底有多少量的特征。（ ）

42. 钻石内潜在的裂纹若达及刻面表面，将会影响其耐久性。（ ）

43. 同一大小的包体，由于对比度的差异，其中明显者易使钻石净度等级偏低。（ ）

44. 钻石净度等级是由最明显的净度特征决定的。（ ）

45. 检查钻石表面特征宜用反射照明，使观察刻面呈镜面反射。（ ）

46. 在净度素描图中，钻石内部特征用绿色标出，外部特征用红色标出。（ ）

47. 分辨钻石上的污垢是灰尘还是内含物，最简单的方法是用针尖拨动方法。（ ）

48. 切工是依据钻石切磨后的完美程度及原石产出率而影响钻石价格的。（ ）

49. 钻石亭角大于44°，会使钻石呈现“黑底效应”。（ ）

50. 钻石台面增大，亮度与色散就越强。（ ）

51. 对一个标准切工的圆钻来说，亮度与色散效应必须达到平衡统一。（ ）

52. 切工标准、钻石刻面大小与数目相协调的钻石才会显示闪耀的光芒。（ ）

53. 托尔科夫斯基琢型的钻石冠角与艾普洛琢型的钻石冠角相等。（ ）

54. 艾普洛琢型的钻石全深比与欧洲琢型钻石全深比相等。（ ）

55. 欧洲琢型的钻石冠角大小与托尔科夫斯基琢型的钻石冠角相同。（ ）

56. 理想琢型的钻石亭深比要比其他 3 种标准切工琢型的亭深比大。（ ）

57. GIA 对钻石切工比率等级划分为 3 个等级。（ ）

58. 线段比例法估测钻石台宽比时，如发现台面偏心，则要估测偏离两侧比例加权平均处理。（ ）

59. 用弧度法目测钻石台宽比时，不受星刻面和上腰面的短边长度影响。（ ）

60. 目估钻石冠角时，需将镊子内壁与钻石腰棱成直角状。（ ）

61. 当冠部主刻面位置与亭部主刻面的位置有差异影像发生变形，则正视估测钻石冠角较困难。（ ）

62. 目估钻石亭深比的误差一般要求不超过 2%。（ ）

63. 钻石台影比除受亭深比或亭角决定外，还受台面大小的影响。（ ）

64. 钻石的腰棱影像在 10 倍放大镜下从侧面观察为好。（ ）

65.《中华人民共和国国家钻石分级标准》（GB/T 16554—2003）要求测出钻石的腰厚比，根据比值得出很好、好、差的评价。（ ）

66. 底面破损的钻石应在净度分级中考虑，不算作底尖比。（ ）

67. 对称性偏差是依据 10 倍放大镜下观察钻石对称性偏离程度的难易性来划定的。（ ）

68. 台面倾斜偏差可影响钻石的亮度与火彩。（ ）

69. 抛光质量的评价主要是检查钻石表面精细加工程度。（ ）

70. 修饰度"一般"级别的钻石除见及钻石不圆和抛光纹外，还允许有其他偏差。（ ）

71. 相同质量的钻石，外观尺寸上有差异，体现了切工水平的优劣。（ ）

72. 钻石质量克拉值小数点第三位采取"四舍五入"进舍位法。（ ）

73. 戴比尔斯将钻坯质量分为五个等级，即超大钻、大钻、格令钻、小钻和混合钻。（ ）

74. 商业分级中，对小钻、碎钻的质量常采用“粒/克拉”来表示。（　　）

75. Rapaport 钻石报价比实际成交价高出 20%～40%。（　　）

二、单项选择题（选择一个正确的答案，将相应的字母填入题内的括号中）

1.《中华人民共和国国家钻石分级标准》（GB/T 16554—2003）对钻石颜色分级主要限于（　　）。

A. 无色至浅黄色系列成品钻石

B. 无色至浅黄色系列钻坯、成品钻石

C. 无色至浅黄色系列钻坯、成品钻石和镶嵌钻石

D. 无色至浅黄色（褐、灰）系列钻坯、成品钻石和镶嵌钻石

2.（　　）不在《中华人民共和国国家钻石分级标准》（GB/T 16554—2003）中“钻石颜色分级”范围内。

A. 无色至浅黄色（褐、灰）系列钻坯

B. 无色至浅黄色（褐、灰）系列成品钻石

C. 无色至浅黄色（褐、灰）系列镶嵌钻石

D. 彩色钻石

3. 钻石颜色分级专用术语形成于（　　）。

A. 18 世纪末　　B. 19 世纪初　　C. 19 世纪中叶　　D. 19 世纪末

4. 净水白的钻石特指产于河床冲积砂矿、（　　）的钻石。

A. 无色透明不发蓝色荧光　　B. 浅黄色透明不发蓝色荧光

C. 无色透明发蓝色荧光　　D. 浅黄色透明发蓝色荧光

5. 同一色级区间，（　　）钻石有颜色浓度上的差异。

A. 不允许　　B. 允许

C. 不确定是否允许　　D. 绝对不允许

6. 对带褐、灰色调的钻石进行颜色分级时，对比的是（　　）。

A. 颜色浓度的差异，而非色调的差异

B. 颜色色调的差异，而非浓度的差异

C. 颜色明度的差异，而非色调的差异

D. 颜色明度的差异，而非浓度的差异

7. 在国际上，绝大多数国家采用了（　　）的钻石颜色分级标准。

A. GIA　B. HRD　C. CGI　D. IDC

8. GIA 择取了（　　）粒从无色透明到不同程度黄色的钻石作为标准的比色石。

A. 9　B. 12　C. 23　D. 26

9.《中华人民共和国国家钻石分级标准》（GB/T 16554—2003）标准中规定可以用（　　）种符号表示钻石色级。

A. 1　B. 2　C. 3　D. 4

10.《中华人民共和国国家钻石分级标准》（GB/T 16554—2003）采用（　　）个色级来表示钻石颜色等级。

A. 9　B. 12　C. 23　D. 26

11.《中华人民共和国国家钻石分级标准》（GB/T 16554—2003）规定钻石比色灯的色温为（　　）K。

A. 5 500～6 500　B. 5 500～7 200　C. 5 500～7 500　D. 6 500～7 200

12. HRD 对钻石灯的光源色温规定为（　　）K。

A. 5 500　B. 6 500　C. 7 200　D. 7 500

13. 比色石是一套经过严格色级标定，净度级别应在（　　）以上的标准圆钻型切工的钻石样石。

A. VVS_2 级（含 VVS_2 级）　B. VS_1 级（含 VS_1 级）

C. VS_2 级（含 VS_2 级）　D. SI_1 级（含 SI_1 级）

14.《中华人民共和国国家钻石分级标准》（GB/T 16554—2003）中规定整套比色石应不少于（　　）颗代表连续的色级序列。

A. 3　B. 5　C. 7　D. 10

15. 钻石颜色分级环境色调应为（　　）。

A. 灰色或白色　B. 灰色或绿色

C. 浅黄色或白色　D. 白色或蓝白色

16. 钻石颜色分级时所用纸槽应是（　　）纸质折成的。

A. 纯白无反光　　B. 纯白无反光无荧光
C. 灰白无反光　　D. 灰白无反光无荧光

17. 钻石分级师起始要求是（　　）。
A. 珠宝专业毕业生　　B. 行业专家
C. 珠宝专业教师　　D. 受过专业技能培训者

18. 来自不同国家的两名分级师，对同一颗钻石在相同的条件下进行颜色分级，但未取得相同结论，这是因为（　　）。
A. 分级不在同一地区　　B. 使用了不同标定的比色石
C. 两人未进行充分讨论　　D. 两者的定级标准不同

19. 作钻石颜色分级时，将比色石台面朝下，按色级高至低从左向右依次排列，其间间距约（　　）cm 为宜。
A. 0.5　　B. 1　　C. 2　　D. 3

20. 作钻石颜色分级时，宜在待测钻石与比色石相同（　　）部位观察颜色差异。
A. 底尖或腰围　　B. 底尖或亭部
C. 腰围或亭部　　D. 亭部

21. 钻石颜色分级时，比色石排列规则宜（　　）。
A. 从左至右由低到高，间距 30 mm
B. 从左至右由低到高，间距 20 mm
C. 从左至右由高到低，间距 20 mm
D. 从左至右由高到低，间距 30 mm

22. 在对钻石颜色作分级时，首先要对待测钻石进行（　　）。
A. 量尺寸　　B. 看切工　　C. 清洁与称重　　D. 看内外部特征

23. 在钻石比色过程中可采用哈气的方法，这是因为（　　）。
A. 钻石的颜色太黄　　B. 减少钻石表面反光影响
C. 钻石荧光太强　　D. 使人保持镇静

24. 待测钻石与比色石相差较大时，应比较（　　）。
A. 底尖　　B. 两者亭间相同大小区域

C. 亭尖 1/3 以上部位　　D. 亭部

25. 待分级的钻石色级高于比色石最高级别 D 时，用（　　）表示该粒钻石的色级。

A. D　　B. A　　C. B　　D. C

26.《中华人民共和国国家钻石分级标准》（GB/T 16554—2003）规定，当待测钻石颜色比 N 级比色石还深，其色级可用（　　）表示。

A. N　　B. ＞N　　C. ＜N　　D. ≈N

27. 钻石比色时不宜从（　　）进行观察，因为这些部位的光彩会掩盖其真正的体色。

A. 台面　　B. 亭部　　C. 腰围或底尖　　D. 台面和亭部

28. 钻石比色的时间不宜太长，通常最好不超过（　　）min。

A. 4～6　　B. 6～8　　C. 8～10　　D. 10

29. 钻石荧光最常见的颜色为（　　）。

A. 蓝白色　　B. 橙黄色　　C. 黄白色　　D. 黄绿色

30.（　　）的荧光会使钻石呈现朦胧油状，降低透明度。

A. 过弱　　B. 中等　　C. 强烈　　D. 太强烈

31.《中华人民共和国国家钻石分级标准》（GB/T 16554—2003）中，将钻石的荧光强度级别划分为（　　）个等级。

A. 3　　B. 4　　C. 5　　D. 6

32. 美国宝石学院（GIA）将钻石的荧光强度级别划分为（　　）个等级。

A. 3　　B. 4　　C. 5　　D. 6

33. 用作钻石荧光强度分级的样石通常是由（　　）颗标定荧光强度级别的标准圆形钻石组成。

A. 2　　B. 3　　C. 4　　D. 5

34. 用作钻石荧光强度分级的荧光样石通常按（　　）标定荧光强度级别的标准圆形钻石组成。

A. 弱、中、强　　B. 弱、强、中　　C. 强、弱、中　　D. 强、中、弱

35. 钻石荧光强度级别划分，在确定该钻石有荧光后，还需标出（　　）。

A. 荧光色　　B. 荧光强度　　C. 钻石体色　　D. 荧光色和荧光强度

36. 若待分级钻石的荧光强度高于荧光强度样品中的“强”，则以（　）表示该钻石荧光强度级别。

A. 强　B. 很强　C. 过强　D. 特强

37. 钻石净度等级确定是以（　）为基准。

A. 10 倍放大镜　B. 10 倍显微镜

C. 10 倍放大镜和 10 倍显微镜　D. 10 倍放大

38. 观察钻石表面特征宜用宝石显微镜（　）。

A. 底光源　B. 顶光源　C. 透光源　D. 偏光源

39. 10 倍放大镜易见晶体（除很大者之外）的出现，意味着钻石净度等级通常不会高于（　）。

A. LC 级　B. VVS_1 级　C. VVS_2 级　D. VS 级

40. 钻石中的矿物晶体大多数是在钻石生成的（　）包裹在其中的。

A. 早期　B. 晚期　C. 成岩期　D. 次生期

41. 针尖状大小的、出现在钻石内部的包体称为（　）。

A. 击痕　B. 缺口　C. 点状物　D. 花点

42. 出现在钻石内部的点状物通常是一些细小的（　）。

A. 矿物颗粒　B. 激光孔　C. 灰尘　D. 气泡

43. 云状物发育的钻石会影响钻石的（　）。

A. 净度　B. 透明度　C. 美观度　D. 以上都正确

44. （　）属于钻石内部特征。

A. 烧痕　B. 云状物　C. 点　D. 原晶面

45. 内凹原晶面多出现在钻石（　）部位。

A. 冠部　B. 亭部　C. 底尖　D. 腰围

46. 内凹原晶面上常可保留着（　）蚀像。

A. 阶梯状　B. 三角锥状　C. 凹坑　D. 以上都正确

47. 羽状纹是钻石内部（　）。

A. 纹理　B. 羽毛状生长线　C. 羽状裂隙　D. 晶包体

48. 钻石内部由于解理或张力所造成的形似羽毛状的裂隙称（　　）。

A. 阶梯纹　　B. 内部纹理　　C. 羽状纹　　D. 须状腰

49. 钻石须状腰的形成往往与（　　）有关。

A. 硬度　　B. 解理　　C. 脆性　　D. 韧性

50. 须状腰的形成是由于钻石在加工过程中过激的（　　）造成的。

A. 粗磨　　B. 细磨　　C. 抛光　　D. 锯切

51. 钻石内部纹理是因原子排列不规则所造成的一种（　　）。

A. 生长纹　　B. 色彩纹　　C. 裂纹　　D. 羽状纹

52. 当钻石内部纹理发育密集时，最有可能影响的是钻石的（　　）。

A. 颜色　　B. 硬度　　C. 密度　　D. 透明度

53. 通常，采用激光束及化学药品是为了去除钻石内部的（　　）。

A. 深色包体　　B. 云状包体　　C. 点状包体　　D. 羽状纹

54. 激光痕在钻石中往往呈现（　　）的痕迹。

A. 管状　　B. 漏斗状　　C. 三角形状　　D. A 和 B 都正确

55. 钻石中形成的破口多呈（　　）。

A. U 字形　　B. V 字形　　C. 圆形　　D. 不规则形

56. （　　）属于钻石内部特征。

A. 缺口　　B. 刮伤　　C. 烧痕　　D. 破口

57. 击痕是钻石受到（　　）留下的痕迹。

A. 内应力作用　　B. 外力撞击

C. 内、外力共同作用　　D. 解理崩裂

58. （　　）是属于钻石内部特征。

A. 缺口　　B. 原晶面　　C. 击痕　　D. 烧痕

59. 在钻石内部一种（　　）不规则破口称之为“空洞”。

A. 小而浅　　B. 小而深　　C. 大而浅　　D. 大而深

60. “空洞”通常是钻石（　　）在加工时崩落而留下的孔洞。

A. 包体　　B. 激光孔　　C. 纹理　　D. 云状物

61. 原晶面与额外刻面的最大区别是（　　）。

A. 形状不同　　B. 大小不同

C. 出现位置不同　　D. 刻面上有无生长特征

62. 原晶面的保留常常是为了（　　）。

A. 留存天然钻石印记　　B. 保持钻石最大质量

C. 避免钻石内反射光侧向泄漏　　D. 使钻石别致好看

63. 观察钻石表面纹理宜用（　　）。

A. 亮域照明　　B. 暗域照明　　C. 反射照明　　D. 透射照明

64. 观察钻石表面纹理与内部纹理使用照明条件有讲究，后者应用（　　）。

A. 暗域照明　　B. 亮域照明　　C. 反射照明　　D. 透射照明

65. 额外刻面可出现在钻石（　　）。

A. 冠部　　B. 台面　　C. 亭部　　D. 任何部位

66. 额外刻面的出现都是因为（　　）。

A. 要去除钻石表面瑕疵　　B. 钻石切磨师技术不到位

C. 要在钻石上留有标记　　D. A 和 B 都正确

67. 抛光纹与表面纹理的最大区别是（　　）。

A. 前者出现在亭部　　B. 前者出现在冠部

C. 相邻刻面上纹饰方向一致　　D. 相邻刻面上纹饰方向不一致

68. （　　）属于钻石外部特征。

A. 羽状纹与表面纹理　　B. 抛光纹与表面纹理

C. 刮伤与烧痕　　D. 破口与缺口

69. 钻石表面出现刮伤痕迹是由于受到（　　）刮擦造成。

A. 玻璃　　B. 利器　　C. 钻石　　D. 尖石

70. 钻石表面出现刮伤，有可能受到磨光盘上较大粒的（　　）抛光粉的刻划。

A. 刚玉　　B. 尖石　　C. 玻璃　　D. 金刚石

71. 钻石因抛光不当在其表面留下糊状疤痕称（　　）。

A. 击痕　　B. 烧痕　　C. 激光痕　　D. 抛光痕

72. 钻石上出现烧痕属其（　　）特征。

A. 内部　　B. 外部　　C. 颜色　　D. 荧光

73. 钻石外部特征的缺口，其破损程度小于内部特征的（　　）。

A. 破口　　B. 空洞　　C. 破洞　　D. 激光孔

74. 钻石腰棱或底尖上的缺口常呈（　　）。

A. U 字形　　B. V 字形　　C. 圆形　　D. 不规则形

75. 钻石刻面棱线磨损，常因其受（　　）擦磨造成。

A. 立方氧化锆　　B. 刚玉　　C. 钻石　　D. 水晶

76.（　　）硬度较低、棱线极易磨损，这一特征有别于钻石。

A. 仿钻品　　B. 替代品　　C. 假冒品　　D. 以上都正确

77. VS_1 与 VS_2 钻石净度等级差异在于在 10 倍放大镜下观察，（　　）。

A. 前者内含物特难发现，后者则很难发现

B. 前者内含物难以看见，后者稍微容易看见

C. 前者内含物容易看见，后者则非常容易看见

D. 前者内含物影响钻石火彩，后者则影响钻石耐久性

78. SI_1 与 SI_2 钻石净度等级差异在于在 10 倍放大镜下观察，（　　）。

A. 前者内含物特难发现，后者则很难发现

B. 前者内含物难以看见，后者稍微容易看见

C. 前者内含物容易看见，后者则非常容易看见

D. 前者内含物影响钻石火彩，后者则影响钻石耐久性

79. 钻石分级师用 10 倍放大镜通常能看见（　　）μm 及以上大小的内含物。

A. 5　　B. 6　　C. 7　　D. 8

80. 钻石内含物的大小不仅影响净度等级，也会影响钻石的（　　）。

A. 光彩　　B. 耐久性　　C. 质量　　D. A 和 B 都正确

81. 点状包体聚集数量多时，会影响钻石的（　　）。

A. 净度等级　　B. 透明度　　C. 光亮度　　D. 以上都正确

82. 一个小的点状包体可能定到 VVS 级，成片的点状包体呈云状物，会使钻石净度级

别降到（　　）。

A. VS级　B. SI_1级　C. SI_2级　D. P级

83. 比较下列四种现象，对钻石净度等级影响最为严重的是（　　）。

A. 触及刻面表面的小裂纹　B. 内含物颜色与钻石体色反差较大

C. 黑色内含物反射呈多重影像　D. 冠部风筝面上见较多无色云状包体

84. 切磨师在切磨钻石时应尽可能避免在钻石（　　）留下内含物。

A. 风筝面　B. 星小面　C. 台面　D. 上腰小面

85. 钻石中所含针尖内含物相比之下，（　　）针尖更不易发现。

A. 黑色　B. 白色　C. 褐色　D. 银色

86. 对比度是指钻石内含物的（　　）同钻石体色之间的对比程度。

A. 颜色　B. 光泽　C. 透明度　D. 以上都正确

87. 通常，若钻石中出现较大羽状纹，其净度等级往往为（　　）。

A. VS_2级　B. SI_1级　C. SI_2级　D. SI级及其以下

88. 通常，若钻石内部出现晶体，其净度等级不会高于（　　）。

A. VVS_1级　B. VVS_2级　C. VS_1级　D. VS级

89. 检查钻石冠部净度特征，通常应按下列（　　）顺序观察确认为好。

A. 台面—星刻面—冠部主刻面—上腰面

B. 台面—冠部主刻面—星刻面—上腰面

C. 上腰面—冠部主刻面—星刻面—台面

D. 上腰面—星刻面—冠部主刻面—台面

90. 检查钻石净度特征，通常应按下列（　　）顺序观察确认为好。

A. 底尖—亭部—腰围—冠部　B. 冠部—亭部—底尖—腰围

C. 冠部—亭部—腰围—底尖　D. 亭部—腰围—冠部—底尖

91. 台面可见的底尖磨损，（　　）。

A. 应标注在台面俯视图上　B. 应标注在冠部俯视图上

C. 应标注在亭部俯视图上　D. 不用标注图上，可用文字说明

92. 冠部及亭部都能看到的内含物，按定位规则（　　）。

A. 应标注在冠部俯视图上　　B. 应标注在亭部俯视图上

C. 应标注在冠部与亭部俯视图上　　D. 不用标注图上，可用文字说明

93. 钻石净度分级前须首先对钻石进行（　　）。

A. 称重　　B. 清洁　　C. 拍摄　　D. 绘制

94. 镊子的影像易被误认为是内含物，使用（　　）镀膜镊子可使镊子影像降到最低程度。

A. 黑色　　B. 白色　　C. 灰色　　D. 银色

95. 钻石切工分级对象主要针对（　　）切工的钻石。

A. 圆钻型　　B. 花式型　　C. 奇特型　　D. A 和 B 都正确

96. 切工比（　　）更影响钻石的外观。

A. 净度　　B. 色级　　C. 大小　　D. A 和 B 都正确

97. 钻石亭角为（　　），可显示出较强的亮度。

A. 35°～40°　　B. 40°～42°　　C. 42°～44°　　D. 44°

98. 钻石亭角（　　），会使钻石呈现“鱼眼效应”。

A. ＜42°　　B. ＜39°　　C. ＞39°　　D. ＞42°

99. 钻石的冠角超过（　　）时，冠部的色散效应减弱。

A. 25°　　B. 30°　　C. 35°　　D. 40°

100. 钻石的冠角近于（　　）时，钻石光学效应与经济效益间最协调。

A. 30.5°　　B. 35°　　C. 34.5°　　D. 40°

101. 钻石的亮度主要来自于（　　）。

A. 台面　　B. 风筝面　　C. 星小面　　D. 上腰面

102. 钻石的色散主要发生于（　　）。

A. 台面　　B. 风筝面　　C. 星小面　　D. 冠部的倾斜刻面

103. 钻石（　　），闪光效果不强。

A. 刻面过小、刻面数少　　B. 刻面过大、刻面数多

C. 刻面过大、刻面数少　　D. 刻面过小、但抛光亮

104. 钻石光彩的形成与（　　）有关。

A. 亮度　B. 色散　C. 闪光　D. 以上都正确

105. 托尔科夫斯基琢型的钻石也称（　）的钻石。

A. 美国琢型　B. 德国琢型　C. 欧洲琢型　D. Scan. D. N 琢型

106. 托尔科夫斯基琢型的钻石台宽比为（　），故火彩较强。

A. 50%　B. 53%　C. 56%　D. 57.5%

107. 艾普洛琢型的钻石也称（　）的钻石。

A. 美国琢型　B. 德国琢型　C. 欧洲琢型　D. Scan. D. N 琢型

108. 艾普洛琢型的钻石冠角偏小，为（　）。

A. 33°10′　B. 34°　C. 34°30′　D. 38°40′

109. 欧洲琢型的钻石也称（　）的钻石。

A. 托尔科夫斯基琢型　B. 艾普洛琢型

C. 约翰逊琢型　D. Scan. D. N 琢型

110. 欧洲琢型的钻石台宽比偏大，为（　），故钻石亮度好。

A. 53%　B. 56%　C. 56.1%　D. 57.5%

111. 理想琢型的钻石也称（　）。

A. 托尔科夫斯基琢型　B. 艾普洛琢型

C. 约翰逊琢型　D. Scan. D. N 琢型

112. 理想琢型的钻石亭深比偏小，为（　）。

A. 40%　B. 41%　C. 42%　D. 44%

113.《中华人民共和国国家钻石分级标准》(GB/T 16554—2003) 将钻石比率级别分为（　）级别。

A. 很好、好、一般　B. 好、中、一般

C. 好、中、差　D. 好、较好、一般

114. 一粒钻石的多个比率值中的等级，（　）的级别代表其比率的级别。

A. 最高　B. 高　C. 低　D. 最低

115. 当腰围至台面边缘距离和台面边缘至底尖中心距离之比为1∶1时，钻石台宽比约为（　）。

A. 54% B. 60% C. 65% D. 69%

116. 当腰围至台面边缘距离和台面边缘至底尖中心距离之比为 1∶25 时，钻石台宽比约为（ ）。

A. 54% B. 60% C. 65% D. 69%

117. 钻石台面与星刻面组成的两个相互重叠的正方形边线，如出现（ ），该粒钻石台宽比约为 53%。

A. 很明显内弯 B. 稍向内弯 C. 稍向外弯 D. 明显外弯

118. 钻石台面与星刻面组成的两个相互重叠的正方形边线，如出现（ ），该粒钻石台宽比约为 63%。

A. 很明显内弯 B. 稍向内弯 C. 稍向外弯 D. 明显外弯

119. 理想的钻石琢型中，冠角大都在（ ）。

A. 30°～32° B. 32°～33° C. 33°～34° D. 33°～34.5°

120. 目估钻石冠角的误差一般要求不超过（ ）。

A. 1° B. 5° C. 2° D. 5°

121. 正视估测钻石冠角，亭部主刻面影像在台面八边形角处的宽度与冠部主刻面影像宽度之比为 1∶2 时，冠角约为（ ）。

A. 25° B. 30° C. 34.5° D. 39°

122. 正视估测钻石冠角，亭部主刻面影像在台面八边形角处的宽度与冠部主刻面影像宽度之比为 1∶1 时，冠角约为（ ）。

A. 25° B. 30° C. 34.5° D. 39°

123. 用台影比法估测钻石亭深比，当台面影像位于底尖至台面角的 1/2 处，亭深比约为（ ）。

A. 41% B. 43% C. 44.5% D. 45.5%

124. 用台影比法估测钻石亭深比，当台面影像占满整个台面，并扩散到星刻面时，亭深比约为（ ）。

A. 46.5% B. 47% C. 48% D. 49%～51%

125. 亭角与亭深比有一定对应关系，当亭角为（ ）时，亭深比约为 43%。

A. 39.4°　　B. 40.0°　　C. 40.7°　　D. 44°

126. 亭角与亭深比有一定对应关系，当亭角为（　　）时，亭深比约为30%。

A. 38.0°　　B. 38.7°　　C. 39.4°　　D. 40.0°

127. 用腰影比法估测钻石亭深比，当呈白色亮带的两条腰棱影像，h1的宽度明显大于h2时，亭深比约为（　　）。

A. 40%　　B. 41%　　C. 43%　　D. >46%

128. 用腰影比法估测钻石亭深比，仅见一条白色亮带的腰棱影像，预示亭深比（　　）。

A. <40%　　B. 约为41%　　C. 约为43%　　D. >46%

129. 目估钻石腰部厚度是以（　　）为标准。

A. 上腰面与下腰面之间最窄的一段距离

B. 风筝面与亭部主刻面尖端之间的距离

C. 上腰面与亭部主刻面尖端之间的距离

D. 风筝面与下腰面之间最窄的一段距离

130. 钻石腰部的厚度通常小于（　　）mm。

A. 0.2　　B. 0.3　　C. 0.4　　D. 0.5

131. 估测钻石底面大小是将钻石（　　）朝上，用10倍放大镜视线要垂直观察。

A. 冠部　　B. 亭部　　C. 侧身　　D. 以上都正确

132. 若10倍放大就下底尖可见一个完整的刻面，该粒钻石底尖比通常（　　）。

A. >2.5%　　B. >3.0%　　C. >3.5%　　D. 达4.0%

133. 修饰度是评价钻石切工的一个重要方面，它包括（　　）内容。

A. 钻石比率　　B. 抛光质量　　C. 对称性偏差　　D. B和C都正确

134.《中华人民共和国国家钻石分级标准》(GB/T 16554—2003) 中列举了（　　）种降低钻石修饰度等级的现象。

A. 3　　B. 5　　C. 7　　D. 9

135. 波状腰会造成钻石（　　）效应。

A. 黑底　　B. 鱼眼　　C. 领结　　D. 单翻

136. 从台面观察钻石亭部刻面出现明暗相间的“单翻效应”现象，即可判定该钻石为

（　　）腰围。

A. 椎状　B. 波状　C. 骨状　D. 刀刃状

137. 钻石的抛光质量包括了有无（　　）等表面的特征。

A. 表面纹理　B. 抛光纹　C. 烧痕　D. B和C都正确

138. 狭义的抛光概念特指钻石（　　）。

A. 表面有无纹理　B. 表面有无残存瑕疵

C. 表面抛光水平　D. 表面洁净度

139.《中华人民共和国国家钻石分级标准》（GB/T 16554—2003）将钻石修饰度级别分为（　　）3个级别。

A. 很好、中、一般　B. 很好、好、一般

C. 很好、好、差　D. 好、中、差

140. 修饰度为“好”级别的钻石，允许10倍放大镜下见及（　　）。

A. 抛光纹　B. 抛光纹与钻石不圆

C. 烧痕　D. 表面纹理

141. 钻石质量大小反映了稀有程度，大于100 ct的钻石属（　　）。

A. 格令钻　B. 大钻　C. 珍宝钻　D. 稀世钻

142. 钻石质量大小反映了稀有程度，大于1～2 ct的钻石属（　　）。

A. 格令钻　B. 大钻　C. 珍宝钻　D. 稀世钻

143.“ct”是钻石国际通用质量单位，“ct”和“mg”的换算关系为（　　）。

A. 1 ct＝50 mg　B. 1 ct＝100 mg　C. 1 ct＝150 mg　D. 1 ct＝200 mg

144.《中华人民共和国国家钻石分级标准》（GB/T 16554—2003）规定成品钻的质量数据保留至小数点后（　　）。

A. 2位　B. 3位　C. 4位　D. 5位

145. 目前我国商贸上通常对成品抛光钻（　　）的定为大钻，（　　）的定为中钻。

A. 1 ct，0.25～0.99 ct　B. ≥1 ct，0.25～0.90 ct

C. ≥1 ct，0.25～0.99 ct　D. ＞1 ct，0.25～0.99 ct

146. 目前我国商贸上通常对成品抛光钻（　　）的定为小钻，（　　）的定为碎钻。

A. 0.05～0.24 ct，0.04 ct　　B. 0.05～0.24 ct，≤0.04 ct

C. 0.05～0.20 ct，≤0.04 ct　　D. 0.05～0.24 ct，0.02 ct

147.（　　）质量的钻石可称 1 ct 钻石。

A. 0.990 ct　　B. 0.995 ct　　C. 0.998 ct　　D. 0.999 ct

148. “ct”与“g”的换算关系为（　　）。

A. 1 ct=0.10 g　　B. 1 ct=0.15 g

C. 1 ct=0.2 g　　D. 1 ct=0.25 g

149. Rapaport 钻石报价表中所列的钻石价格与其实际成交价格相比，（　　）。

A. 前者高　　B. 前者低

C. 差不多　　D. 高低不一定，视具体钻石而定

150. Rapaport 钻石报价表所发布的圆型钻的价格，其涵盖的钻石为（　　）的钻石。

A. 0.01～5.99 ct，D—M，IF—I3

B. 0.01～4.99 ct，D—<N，IF—I3

C. 0.01～5.99 ct，D—<N，IF—I3

D. 0.01～5.99 ct，D—N，IF—I3

镶嵌钻石分级

一、判断题（将判断结果填入括号中。正确的填“√”，错误的填“×”）

1. 镶嵌钻石颜色分级应考虑金属托的颜色对钻石颜色的影响。（　　）

2. 检查被镶爪、镶边掩藏的钻石净度特征宜采用倾斜钻石观察反射影像的方法。（　　）

3. 镶嵌钻石的腰围类型不同，腰围反射的影像也有差异。（　　）

4. 同一腰围厚度等级的钻石，其腰围越大，腰厚比就越小。（　　）

二、单项选择题（选择一个正确的答案，将相应的字母填入题内的括号中）

1. 按《中华人民共和国国家钻石分级标准》（GB/T 16554—2003）规定，镶嵌钻石的颜色共分（　　）个等级。

A. 5　　B. 7　　C. 12　　D. 23

2. 对包边镶的钻石进行颜色分级时，有时不得不观察（　　）。

A. 亭部刻面　　B. 亭尖位置　　C. 腰围　　D. 冠部刻面

3. 镶嵌钻石净度分级条件与裸钻相似，但为了有效地观察内含物往往需要借助（　　）。

A. 10 倍放大镜　　B. 10 倍放大显微镜

C. 光纤灯　　D. 以上都正确

4. 区分镶嵌钻石镶托的影像和内含物，采用（　　）是一种十分有效的方法。

A. 显微镜底光源　　B. 显微镜顶光源　　C. 光纤灯照明　　D. 钻石灯

5. 按《中华人民共和国国家钻石分级标准》（GB/T 16554—2003），对满足测量条件的镶嵌钻石，其修饰度要求（　　）。

A. 描述修饰度要素　　B. 评价修饰度等级

C. 描述并评价修饰度等级　　D. 暂无硬性规定

6. 镶嵌圆钻的质量，通常是通过下列公式（　　）估算的。

A. 平均直径×全深×0.006 1　　B. $(平均直径)^2$×全深×0.006 1

C. 平均直径×全深×0.061　　D. 平均直径×全深×0.006 1

7. 镶嵌圆钻亭部被封闭限制测量时，可用下列公式（　　）求出总深度。

A. 全深比＝冠高比＋亭深比　　B. 全深比＝冠高比＋腰厚比＋亭深比

C. 全深比＝总深度/腰围直径　　D. 全深比＝总深度×100％

钻石加工业

一、判断题（将判断结果填入括号中。正确的填“√”，错误的填“×”）

1. 安特卫普钻石切磨师擅长于切磨双晶类等晶形复杂的钻石原石。（　　）

2. 以色列钻石业快速发展得益于政府提供外汇兑换津贴、银行低息贷款和钻坯信托凭证抵押贷款等多项优惠政策。（　　）

3. 纽约曼哈顿 47 号街是世界闻名的钻石街。（　　）

4. “印度切工”的钻石即为切工技术精湛的钻石。（　　）

5. 我国山东目前钻石加工业以加工小钻为主。（　　）

二、单项选择题（选择一个正确的答案，将相应的字母填入题内的括号中）

1. 比利时安特卫普素有“世界钻石之都”的美誉，每年全球约有（　　）的钻坯及金刚石在那里进行交易。

A. 30％　　B. 50％　　C. 70％　　D. 80％

2. “比利时切工”的钻石即为（　　）的钻石。

A. 切工精湛　　B. 切工较差　　C. 花式切工　　D. 丘比特切工

3. 以色列特拉维夫钻石加工业始于（　　）。

A. 20世纪30年代　　B. 20世纪40年代

C. 20世纪50年代　　D. 20世纪60年代

4. 特拉维夫是世界上（　　）的主要供应基地。

A. 圆型大钻　　B. 圆型小钻　　C. 花式钻石　　D. 丘比特切工钻石

5. 纽约钻石加工质量范围现大约在（　　）ct以上。

A. 1　　B. 5　　C. 2　　D. 3

6. 美国纽约加工的大钻多数销给（　　）富豪。

A. 中东　　B. 远东　　C. 欧洲　　D. 以上都正确

7. “印度切工”的钻石即为（　　）的钻石。

A. 切工精湛　　B. 切工较差　　C. 花式切工　　D. 丘比特切工

8. 印度孟买加工的钻石多以（　　）为主。

A. 小钻和形态扁平低质原石　　B. 大钻和八面体优质原石

C. 小钻和八面体优质原石　　D. 大钻和形态扁平低质原石

9. 中国钻石加工业现主要集中在（　　）。

A. 广东与山东　　B. 辽宁与上海

C. 山东与上海　　D. 广东、山东、上海

10. 中国上海于（　　）年成立了龙华、陆家嘴两大钻石加工中心。

A. 2000　　B. 2001　　C. 2002　　D. 2003

钻石交易

一、判断题（将判断结果填入括号中。正确的填“√”，错误的填“×”）

1. 戴比尔斯钻石矿业集团不但在钻石业占据“领头羊”地位，同时还涉足其他行业进行多元化投资。（　　）

2. CSO 的宗旨是保持国际钻石原石价格的稳定和有秩序的市场体系。（　　）

3. DTC 的宗旨是将原来的钻石原石垄断商转型为全球的最佳供应商。（　　）

4. 每次看货会上，主办方对钻石买家采购钻坯金额有一定规定。（　　）

5. 现俄罗斯、安哥拉、加拿大等国自销钻坯对 CSO 垄断销售体系形成冲击。（　　）

6. 0.50 ct 钻石要比 0.49 ct 钻石更值钱。（　　）

7. 上海钻石交易所内所涉及钻石业务采取“一站式”受理方式。（　　）

二、单项选择题（选择一个正确的答案，将相应的字母填入题内的括号中）

1. 戴比尔斯的创始人是（　　）。

A. 西赛约汉·罗德斯　B. 查理士·鲁德

C. 爱尼斯·奥本海默　D. A·当可斯布勒

2. 戴比尔斯拥有世界上最大规模的钻石矿山，每年生产钻坯量约占全球产量的（　　）。

A. 15%　B. 20%　C. 25%　D. 30%

3. CSO 组织主要由（　　）组成。

A. 钻石股份有限公司　B. 钻石贸易公司、估价部

C. 工业金刚石公司　D. 以上都正确

4. CSO 每年大约销售世界所产钻石原石的（　　）。

A. 50%　B. 60%　C. 70%　D. 80%

5. DTC 的全称是（　　）。

A. 国际钻石销售公司　B. 国际钻石贸易公司

C. 国际钻石采购公司　D. 国际钻石评估公司

6. 全球钻石原石约有（　　）是由 DTC 分级评价销售的。

A. 40%　　B. 50%　　C. 60%　　D. 70%

7. 钻坯的销售途径是（　　）。

A. 交易会　　B. 代理商　　C. 看货会　　D. 拍卖会

8. 每年10次的大型钻石看货会在（　　）举行。

A. 南非　　B. 伦敦　　C. 纽约　　D. 比利时

9. CSO单一渠道钻石销售体系现大约垄断了世界（　　）的钻坯。

A. 60%　　B. 70%　　C. 80%　　D. 70%～80%

10. 目前全球约有（　　）钻坯不经过CSO销售，使CSO单渠道销售体系受到挑战。

A. 10%　　B. 20%　　C. 30%　　D. 35%～40%

11. 从2002年起，中国执行了（　）钻石消费税。

A. 5%　　B. 10%　　C. 15%　　D. 20%

12. “钻石恒久远，一颗永流传”这句经典的广告语出自于（　　）。

A. 戴比尔斯　　B. 戴蒙德

C. 美国宝石学院　　D. 比利时钻石高阶层议会

13. 中国上海钻石交易所交易的范围是（　　）。

A. 钻石毛坯　　B. 成品钻石

C. 镶嵌钻石　　D. 钻石毛坯、成品钻石

14. 参与上海钻石交易所的会员必须从事钻石进出口，批发零售及生产业务（　　）年以上的企业。

A. 2　　B. 3　　C. 5　　D. 8

钻石饰品制作与销售

一、判断题（将判断结果填入括号中。正确的填“√”，错误的填“×”）

1. 铂的提炼较困难，一般最高纯度为99.9%。（　　）

2. 用黄金打制的钻饰品戒托，定色级时尤为要考虑金属托对钻石颜色的影响。（　　）

二、单项选择题（选择一个正确的答案，将相应的字母填入题内的括号中）

1. 一枚铂金钻戒，指环内圈标注着 PT950，代表着（　　）。

A. 含铂量 950　　B. 含铂量千分数 950

C. 含铂量千分数不小于 900　　D. 含铂量千分数不小于 950

2. 用于生产铂金链条的铂金量通常只有（　　），其余为铜、钯材料。

A. 70%　　B. 75%　　C. 80%　　D. 85%

3. 18 K 黄金适合于镶嵌类饰品，通常它的含金量为（　　）。

A. 37.5%　　B. 58.5%　　C. 75%　　D. 96%

4. 足金饰品含金量为（　　）。

A. 千分数 999　　B. 千分数 990

C. 千分数不小于 990　　D. 千分数不小于 999

第 4 部分

操作技能复习题

钻石真伪鉴别

对钻石样品进行鉴别（试题代码[①]：1. 1. 1～1. 2. 5；考核时间：10 min）

详见第 6 部分操作技能模拟试卷。

对待测钻石进行综合分析评定

对样品进行颜色、净度和切工分级（试题代码：2. 1. 1～2. 6. 4；考核时间：14 min）

详见第 6 部分操作技能模拟试卷。

① 试题代码表示该试题在操作技能考核方案表格中的所属位置。左起第一位表示项目号，第二位表示单元号，第三位表示在该项目、单元下的第几个试题。

镶嵌首饰的综合鉴定

一、对镶嵌钻石戒指进行综合鉴定（试题代码：3. 1. 1～3. 1. 4；考核时间：15 min）

详见第 6 部分操作技能模拟试卷。

二、对镶嵌钻石项坠进行综合鉴定（试题代码：3. 2. 1～3. 2. 4；考核时间：15 min）

详见第 6 部分操作技能模拟试卷。

第 5 部分

理论知识考试模拟试卷及答案

钻石检验员（四级）理论知识试卷

注 意 事 项

1. 考试时间：90 min。
2. 请首先按要求在试卷的标封处填写您的姓名、准考证号和所在单位的名称。
3. 请仔细阅读各种题目的回答要求，在规定的位置填写您的答案。
4. 不要在试卷上乱写乱画，不要在标封区填写无关的内容。

	一	二	总分
得分			

得分	
评分人	

一、判断题（第 1 题～第 60 题。将判断结果填入括号中。正确的填“√”，错误的填“×”。每题 0.5 分，满分 30 分）

1. 珠宝玉石是对天然珠宝玉石和人工宝石的统称。（ ）
2. 低级晶族包括三斜晶系、斜方晶系和三方晶系。（ ）
3. 赋存宝玉石的岩石大多数与岩浆岩、变质岩有关。（ ）

4. 金伯利岩属于超基性喷出岩。（　）

5. 钻石与石墨同是碳的同质多相变体。（　）

6. 钻石为等轴晶系，三向晶轴等长，其间以直角相交。（　）

7. 在钻石晶形中八面体、菱形十二面体与立方体晶形是最常见的单形。（　）

8. Ⅰa 型钻石由于含氮杂质，降低了钻石的导电性和导热性。（　）

9. 钻石晶体为等轴晶系，故它的硬度各向同性。（　）

10. 摩氏硬度代表了 10 种被选矿物的真实硬度。（　）

11. 钻石是自然界最硬的物质，同时也是不具脆性的物质。（　）

12. 呈绿色的钻石可能与其长时期受自然辐照有关。（　）

13. 钻石具有较强的火彩，先决条件是其具有较大的色散值。（　）

14. 钻石具有亲油性的特性可用油脂来分选钻石矿。（　）

15. 世界上大多数钻石主要赋存在金伯利岩中。（　）

16. 宝石（含钻石）在长波下的荧光强度通常大于短波下的荧光强度。（　）

17. 热导仪可用来区分天然钻石与人工合成钻石。（　）

18. 宝石折射率与二碘甲烷的折射率相差越小，宝石在该液体中轮廓越清晰。（　）

19. 在仿钻品台面上进行划线试验可见断续的点线，这是因为其不具亲油性的缘故。（　）

20. 用水滴试验区分钻石与仿钻品，要求待测样品表面干净无污。（　）

21. 在室温下用舌尖或皮肤接触钻石与仿钻品，温凉感觉常常是一样的。（　）

22. 同一钻石中，不可能同时出现两种不同成因的包体。（　）

23. 在钻石的内部有时还可看到因双晶发生错动而形成的丝网状特征的内含物。（　）

24. 钻石属均质体，不具有小刻面棱重影现象。（　）

25. 一颗同质量的锆石与钻石相比，锆石的颗粒要小些。（　）

26. 立方氧化锆的火彩要比钻石强。（　）

27. 小钻石在加工过程中不需要进行工艺设计。（　）

28. 钻石各项比率组合的合理性，主要是指台宽比与亭深比的组合合理性。（　）

29. 钻石台宽比的检验，用比率仪测量的精度较高。（　）

30. 现代圆钻是根据光学原理，各刻面经过精确计算成型的。（　　）

31. 钻石的价值与“4C”的关系是钻石分级的核心问题。（　　）

32. 彩色钻石至今尚无全球统一的颜色分级标准。（　　）

33. GIA钻石分级标准规定比色石代表每一色级的下限。（　　）

34. 采用比色石进行颜色分级是目前正确确定钻石色级的唯一方法。（　　）

35. 钻石颜色分级是分级师对钻石色级所作的一种客观标准判断。（　　）

36. 钻石打圆过程中因操作不当会产生形似老人胡须状的细裂纹。（　　）

37. 原晶面归属于钻石内部特征。（　　）

38. 额外刻面尽管可出现在钻石任何部位，但通常靠近底部腰围。（　　）

39. 钻石净度分级中见及的缺口与破口是相同的，都属其内部特征。（　　）

40. 我国所定的无瑕级净度的钻石，GIA又将其细分为无瑕级（FL）与内部无瑕级（IF）。（　　）

41. 内含物数量的多少关注的是在钻石中的可见度，而不是要求去统计其到底有多少量的特征。（　　）

42. 钻石内潜在的裂纹若达及刻面表面将会影响其耐久性。（　　）

43. 同一大小的包体，由于对比度的差异，其中明显者易使钻石净度等级偏低。（　　）

44. 钻石净度等级是由最明显的净度特征决定的。（　　）

45. 检查钻石表面特征宜用反射照明，使观察刻面呈镜面反射。（　　）

46. 在净度素描图中，钻石内部特征用绿色标出，外部特征用红色标出。（　　）

47. 分辨钻石上的污垢是灰尘还是内含物，最简单的方法是用针尖拨动方法。（　　）

48. 艾普洛琢型的钻石全深比与欧洲琢型钻石全深比相等。（　　）

49. 理想琢型的钻石亭深比要比其他3种标准切工琢型的亭深比大。（　　）

50. GIA对钻石切工比率等级划分为3个等级。（　　）

51. 用弧度法目测钻石台宽比时，不受星刻面和上腰面的短边长度影响。（　　）

52. 目估钻石亭深比的误差一般要求不超过2%。（　　）

53. 对称性偏差是依据10倍放大镜下观察钻石对称性偏离程度的难易性来划定的。（　　）

54. 修饰度为“一般”级别的钻石除见及钻石不圆和抛光纹外，还允许有其他偏差。（ ）

55. 钻石质量克拉值小数点第三位采取“四舍五入”进舍位法。（ ）

56. 商业分级中，对小钻、碎钻的质量常采用“粒/克拉”来表示。（ ）

57. 镶嵌钻石颜色分级应考虑金属托的颜色对钻石颜色的影响。（ ）

58. 同一腰围厚度等级的钻石，其腰围越大，腰厚比就越小。（ ）

59. “印度切工”的钻石即为切工技术精湛的钻石。（ ）

60. 0.50 ct 钻石要比 0.49 ct 钻石更值钱。（ ）

得分	
评分人	

二、单项选择题（第 1 题～第 140 题。选择一个正确的答案，将相应的字母填入题内的括号中。每题 0.5 分，满分 70 分）

1. 广义的宝玉石包括（ ）。

A. 天然宝玉石与人工宝石　　B. 天然宝玉石与人造宝石
C. 天然宝石与合成宝石　　D. 天然宝石与人造宝石

2. 人工宝石包括了（ ）

A. 合成和人造宝石　　B. 优化和处理宝石
C. 拼合和再造宝石　　D. 合成和人造宝石、拼合和再造宝石

3. 狭义的宝玉石是指天然产出的，具美观、耐久、稀少等特征并可琢磨的（ ）。

A. 矿物单晶体　　B. 多矿物集合体
C. 矿物单晶体和多矿物集合体　　D. 非晶质矿物和多矿物集合体

4. 下述宝石属非晶质体的是（ ）。

A. 钻石　　B. 水晶　　C. 琥珀　　D. 红宝石

5. 晶体中对称轴最多有（ ）次。

A. 8　　B. 6　　C. 5　　D. 4

6. 钻石属于（ ）晶系。

A. 三方　　B. 六方　　C. 等轴　　D. 斜方

7. 金伯利岩应归属于（　　）。

A. 酸性岩　B. 中性岩　C. 碱性岩　D. 超基性岩

8. 下列岩石中，（　　）属变质岩类。

A. 蛇纹岩　B. 花岗岩　C. 辉长岩　D. 钾镁煌斑岩

9. （　　）与沉积岩有较密切的关系。

A. 红宝石　B. 欧泊　C. 尖晶石　D. 祖母绿

10. 世界上被公认的五大名贵宝石是（　　）。

A. 钻石、红宝石、蓝宝石、祖母绿、猫眼石

B. 钻石、猫眼石、翡翠、红宝石、蓝宝石

C. 钻石、珍珠、祖母绿、红宝石、蓝宝石

D. 钻石、翡翠、祖母绿、红宝石、蓝宝石

11. 钻石被认定为（　　）生辰石。

A. 三月　B. 四月　C. 五月　D. 七月

12. 传说订婚钻戒应戴在（　　）上，该手指与心房相连。

A. 左手中指　B. 左手无名指　C. 右手中指　D. 右手无名指

13. “库利南”原石被劈开后，磨成大钻与小钻的数目分别为（　　）。

A. 8粒、14粒　B. 9粒、14粒　C. 9粒、86粒　D. 9粒、96粒

14. 钻石是（　　）下形成的晶体。

A. 低温低压　B. 常温常压　C. 高温高压　D. 高温低压

15. 钻石晶体结构中化学键类型是（　　）。

A. 分子键　B. 离子键　C. 共价键　D. 金属键

16. 钻石中最常见的是（　　）晶形。

A. 八面体　B. 菱形十二面体　C. 立方体　D. 三角四六面体

17. 切磨成圆多刻面型钻石的最佳晶形是（　　）晶形。

A. 八面体　B. 菱形十二面体　C. 立方体　D. 三角四六面体

18. 钻石双晶依（　　）最普遍，双晶面平行于（111）面。

A.（111）面　B.（110）面　C.（100）面　D.（101）面

19. 98%的钻石属于（　　）钻石。

A. Ⅰa 型　B. Ⅰb 型　C. Ⅱa 型　D. Ⅱb 型

20. Ⅱa 型钻石是钻石类型中（　　）最好的钻石。

A. 导电性　B. 导热性　C. 亲油性　D. 稳定性

21. Ⅱb 型钻石是天然钻石中唯一能（　　）的钻石。

A. 导电　B. 导热　C. 亲水　D. 疏油

22. 钻石的摩氏硬度为（　　）级。

A. 7　B. 8　C. 9　D. 10

23. 钻石的绝对硬度是红蓝宝石的（　　）倍。

A. 100　B. 150　C. 200　D. 250

24. 钻石的解理属于（　　）。

A. 八面体中等　B. 六面体中等　C. 柱状完全　D. 菱面体中等

25. 钻石的密度为（　　）g/cm^3。

A. 3.52　B. 4.00　C. 5.80　D. 3.22

26. 由于钻石具有（　　）特点，加工花式钻尖角与圆钻薄腰时尤其要小心。

A. 硬性　B. 脆性　C. 柔性　D. 韧性

27. 绝大多数的钻石因含氮元素而使钻石呈（　　）。

A. 淡粉色　B. 淡绿色　C. 淡紫色　D. 淡黄色

28. 钻石具有特征性的（　　）光泽。

A. 玻璃　B. 金属　C. 金刚　D. 丝绢

29. 钻石拥有的金刚光泽是天然无色透明矿物中（　　）的光泽。

A. 最弱　B. 弱　C. 强　D. 最强

30. 钻石是高折射率的晶体，其折射率约为（　　）。

A. 4.22　B. 2.44　C. 2.42　D. 2.24

31.（　　）的折射率要比钻石折射率大。

A. 立方氧化锆　B. 钇铝榴石　C. 钆镓榴石　D. 碳硅石

32. 钻石有较强的火彩效应，其色散值为（　　）。

A. 2.42　　B. 3.52　　C. 0.060　　D. 0.044

33. 钻石多为电的绝缘体，但（　　）钻石除外。

A. 浅黄色　　B. 蓝色　　C. 无色　　D. 辐照

34. 世界上绝大多数钻石原生矿属于（　　）矿床。

A. 金伯利岩型　　B. 钾镁煌斑岩型

C. 橄榄玄武岩型　　D. 二辉橄榄岩型

35. 金伯利岩暴露大气后易风化，形成一种称为（　　）的岩石地貌。

A. 蓝地　　B. 绿地　　C. 黄地　　D. 黑地

36. 2006年以来，加拿大钻石产量占全世界钻石总量的17%，已成为全球（　　）产钻大国。

A. 第二　　B. 第三　　C. 第四　　D. 第五

37. （　　）是世界上最早发现金刚石的国家。

A. 南非　　B. 巴西　　C. 印度　　D. 安哥拉

38. 能在丘比特观测镜中清晰地看到“八心八箭”图形的钻石则说明该粒钻石切工具有（　　）的对称性。

A. 很好　　B. 较好　　C. 一般　　D. 差

39. 热导仪是根据钻石的（　　）设计并制造的一种用途较为专一的鉴定仪器。

A. 热膨胀性　　B. 导热性　　C. 熔点　　D. 可燃性

40. 热导仪无法区分（　　）。

A. 钻石与钛酸锶　　B. 钇铝榴石与钻石

C. 钻石与碳硅石　　D. 钻石与立方氧化锆

41. 反射率低于（　　）的宝石不宜使用反射仪来测其反射率。

A. 1.50　　B. 1.60　　C. 1.70　　D. 1.80

42. 宝石显微镜可用于观察宝石（含钻石）的（　　）。

A. 内部特征

B. 外部特征

C. 内、外部特征

D. 内、外部特征，甚至配加附件扩展其应用范围

43. 在二碘甲烷溶液中，台面朝下的（ ）在电筒照摄下可显阳光放射阴影图。

A. 钻石 B. 钛酸锶

C. 合成立方氧化锆 D. 钆镓榴石

44. 合成金红石的色散值高达（ ）倍，故有刺眼的多彩外观。

A. 2 B. 3 C. 4 D. 7

45. （ ）的色散值与钻石色散值很接近。

A. 立方氧化锆 B. 钆镓榴石 C. 钇铝榴石 D. 锆石

46. 观察钻石与仿钻品的底面闪光效应，（ ）在亭部会出现近一半的橘黄色、蓝色闪光现象。

A. 立方氧化锆 B. 钆镓榴石 C. 钇铝榴石 D. 钻石

47. 钻石负晶在宝石显微镜（ ）照明下为白色或无色，多呈八面体形态。

A. 亮域 B. 暗域 C. 透射 D. 散射

48. 仿钻品的棱线和角常因材料硬度偏低而呈现（ ）。

A. 圆滑 B. 锋利 C. 尖锐 D. 平直

49. 纹理是发育在（ ）钻石表面或内部的一种生长痕迹。

A. 天然 B. 合成 C. 人造 D. 人工

50. 钻石（ ）显现的特点是：在刻面上沿一个或多个方向的多条平行排列、且间距相似的细线。

A. 内部纹理 B. 表面纹理 C. 表面抛光痕 D. 内部云状薄带

51. （ ）中可观察到刻面重影现象。

A. 立方氧化锆 B. 无色尖晶石 C. 钛酸锶 D. 碳硅石

52. 锆石为一种（ ）。

A. 合成立方氧化锆 B. 天然宝石

C. 合成碳硅石 D. 人造立方氧化锆

53. 立方氧化锆俗称（ ）。

A. 苏联钻 B. 美国钻 C. 瑞士钻 D. 荷兰钻

54. 钇铝榴石的英文缩写为（　　）。

A. YAC　　B. YAG　　C. GGG　　D. YGC

55. 铅玻璃按晶体内部质点排列性划分，属（　　）。

A. 晶质体　　B. 非晶质体　　C. 均质体　　D. 非均质体

56. 古印度钻石工匠公元前 3000 年就了解了（　　）打磨钻石的手工艺方法。

A. 利器　　B. 尖石　　C. 钻石　　D. 石器

57. 钻石的纹理方向确定有助于钻石的分割，锯开钻石往往（　　）。

A. 垂直纹理方向　　B. 平行纹理方向

C. 斜交纹理方向　　D. 可随纹理任一方向

58. 车钻过程可细分为（　　）。

A. 粗车、精车、打边　　B. 粗车、打边、抛光

C. 精车、打边、抛光　　D. 粗车、精车、抛光

59. 加工钻坯时要了解同一钻石不同的晶面硬度有差异，按硬度高低排列，以下顺序正确的是（　　）。

A. 八面体晶面硬度＞立方体晶面硬度＞菱形十二面体晶面硬度

B. 八面体晶面硬度＞菱形十二面体晶面硬度＞立方体晶面硬度

C. 立方体晶面硬度＞菱形十二面体晶面硬度＞八面体晶面硬度

D. 菱形十二面体晶面硬度＞立方体晶面硬度＞八面体晶面硬度

60. 圆多面琢型的钻石在磨钻时的损耗率约为（　　）。

A. 25%～30%　　B. 30%～35%　　C. 35%～40%　　D. 40%～45%

61. 圆钻加工的成品阶段，小的钻石应采用（　　）的工艺流程。

A. 先磨亭部　　B. 先磨台面　　C. 先磨上腰面　　D. 先磨腰部

62. 小钻的加工流程中，成品阶段的细磨抛光工艺应以（　　）。

A. 粗车为主　　B. 细磨为主　　C. 细磨抛光并重　　D. 抛光为主

63. Ⅰa 型钻石晶体在正常加工中，（　　）产生裂纹。

A. 不易　　B. 不可能　　C. 较容易　　D. 可能

64. 在钻石的主要切工比率中，（　　）的要求相对较高。

A. 冠高比　　B. 腰厚比　　C. 亭深比　　D. 底尖比

65. 在钻石的切工比率分级评价中，钻石（　　）的评价标准是一致的。

A. 冠角　　B. 冠高比　　C. 底尖比　　D. 亭深比

66. 用 10 倍放大镜目测钻石台宽比时，应采用（　）目测。

A. 弧度法　　B. 线段比例法

C. 弧度法和线段比例法　　D. 台影比法

67. 钻石的全深比等于（　）。

A. 全深/直径　　B. 全深/直径平方

C. 全深/直径×100%　　D. 全深/平均直径×100%

68. 钻石台面不变，冠角越大，冠高比（　　）。

A. 越大　　B. 越小　　C. 越不标准　　D. 大小无规律

69. 圆钻的亭深是由（　）的角度决定的。

A. 下腰面　　B. 亭部主刻面

C. 亭部棱面　　D. 下腰面与亭部主刻面

70. 始于 20 世纪的现代明亮式琢型的钻石也称（　　）。

A. 美国理想式琢型　　B. 斯堪的纳维亚琢型

C. 艾普洛精致式琢型　　D. 约翰逊理想琢型

71. 钻石“4C”分级是指（　）分级。

A. 颜色、净度、透明度、质量　　B. 颜色、净度、光泽、切工

C. 颜色、净度、切工、质量　　D. 颜色、大小、切工、光泽

72. 钻石“4C”分级指标中，“3C”为钻石天然属性，（　　）指标反映了一定的人为因素。

A. 颜色　　B. 净度　　C. 质量　　D. 切工

73. 完整的“4C”分级体系是由 GIA 于（　　）提出的。

A. 19 世纪中叶　　B. 19 世纪末

C. 20 世纪初期　　D. 20 世纪中叶

74. 率先系统提出钻石“4C 分级”规则的机构是（　　）。

A. HRD　　B. GIA　　C. IDC　　D. CIBJO

75. 国际上首个获得ISO 9002标准认证的成品钻石分级实验室是（　　）证书部。

A. HRD　　B. GIA　　C. IDC　　D. CIBJO

76.《中华人民共和国国家钻石分级标准》（GB/T 16554—2003）对未镶嵌和镶嵌抛光钻石的起始分级定为（　　）ct。

A. 0.10　　B. 0.20　　C. 0.25　　D. 0.47

77. GIA择取了（　　）粒从无色透明到不同程度黄色的钻石作为标准的比色石。

A. 9　　B. 12　　C. 23　　D. 26

78. 比色石是一套经过严格色级标定，净度级别应在（　　）以上的标准圆钻型切工的钻石样石。

A. VVS_2级（含VVS_2级）　　B. VS_1级（含VS_1级）

C. VS_2级（含VS_2级）　　D. SI_1级（含SI_1级）

79. 钻石颜色分级时，比色石排列规则宜（　　）。

A. 从左至右由低到高，间距30 mm

B. 从左至右由低到高，间距20 mm

C. 从左至右由高到低，间距20 mm

D. 从左至右由高到低，间距30 mm

80. 在对钻石颜色作分级时，首先要对待测钻石进行（　　）。

A. 量尺寸　　B. 看切工　　C. 清洁与称重　　D. 看内外部特征

81. 在钻石比色过程中可采用哈气的方法，这是因为（　　）。

A. 钻石的颜色太黄　　B. 减少钻石表面反光影响

C. 钻石荧光太强　　D. 使人保持镇静

82. 待测钻石与比色石相差较大时，应比较（　　）。

A. 底尖　　B. 两者亭间相同大小区域

C. 亭尖1/3以上部位　　D. 亭部

83. 待分级的钻石色级高于比色石最高级别D时，用（　　）表示该粒钻石的色级。

A. D　　B. A　　C. B　　D. C

84. 钻石比色的时间不宜太长，通常最好不超过（　　）min。

A. 4～6　　B. 6～8　　C. 8～10　　D. 10

85. 钻石荧光最常见的颜色为（　　）。

A. 蓝白色　　B. 橙黄色　　C. 黄白色　　D. 黄绿色

86. 《中华人民共和国国家钻石分级标准》（GB/T 16554—2003）中，将钻石的荧光强度级别划分为（　　）个等级。

A. 3　　B. 4　　C. 5　　D. 6

87. 美国宝石学院（GIA）将钻石的荧光强度级别划分为（　　）个等级。

A. 3　　B. 4　　C. 5　　D. 6

88. 钻石净度等级确定是以（　　）为基准。

A. 10 倍放大镜　　B. 10 倍显微镜

C. 10 倍放大镜和 10 倍显微镜　　D. 10 倍放大

89. 云状物发育的钻石会影响钻石的（　　）。

A. 净度　　B. 透明度　　C. 美观度　　D. 以上都正确

90. 内凹原晶面上常可保留着（　　）蚀像。

A. 阶梯状　　B. 三角锥状　　C. 凹坑　　D. 以上都正确

91. 羽状纹是钻石内部（　　）。

A. 纹理　　B. 羽毛状生长线　　C. 羽状裂隙　　D. 晶包体

92. 钻石内部纹理是因原子排列不规则所造成的一种（　　）。

A. 生长纹　　B. 色彩纹　　C. 裂纹　　D. 羽状纹

93. 激光痕在钻石中往往呈现（　　）的痕迹。

A. 管状　　B. 漏斗状　　C. 三角形状　　D. A 和 B 都正确

94. （　　）属于钻石内部特征。

A. 缺口　　B. 刮伤　　C. 烧痕　　D. 破口

95. 击痕是钻石受到（　　）留下的痕迹。

A. 内应力作用　　B. 外力撞击

C. 内、外力共同作用　　D. 解理崩裂

96. “空洞”通常是钻石（ ）在加工时崩落而留下的孔洞。

A. 包体 B. 激光孔 C. 纹理 D. 云状物

97. 原晶面与额外刻面的最大区别是（ ）。

A. 形状不同 B. 大小不同

C. 出现位置不同 D. 刻面上有无生长特征

98. 观察钻石表面纹理宜用（ ）照明。

A. 亮域 B. 暗域 C. 反射 D. 透射

99. 额外刻面的出现都是因为（ ）。

A. 要去除钻石表面瑕疵 B. 钻石切磨师技术不到位

C. 要在钻石上留有标记 D. A 和 B 都正确

100. 抛光纹与表面纹理的最大区别是（ ）。

A. 前者出现在亭部 B. 前者出现在冠部

C. 相邻刻面上纹饰方向一致 D. 相邻刻面上纹饰方向不一致

101. 钻石因抛光不当在其表面留下糊状疤痕称（ ）。

A. 击痕 B. 烧痕 C. 激光痕 D. 抛光痕

102. 钻石腰棱或底尖上的缺口常呈（ ）。

A. U 字形 B. V 字形 C. 圆形 D. 不规则形

103. 钻石刻面棱线磨损，常因其受（ ）擦磨造成。

A. 立方氧化锆 B. 刚玉 C. 钻石 D. 水晶

104. SI_1 与 SI_2 钻石净度等级差异在 10 倍放大镜下观察，（ ）。

A. 前者内含物特难发现，后者则很难发现

B. 前者内含物难以看见，后者稍微容易看见

C. 前者内含物容易看见，后者则非常容易看见

D. 前者内含物影响钻石火彩，后者则影响钻石耐久性

105. 一个小的点状包体可能定到 VVS 级，成片的点状包体呈云状物，会使钻石净度级别降到（ ）。

A. VS 级 B. SI_1 级 C. SI_2 级 D. P 级

106. 比较下列四种现象，对钻石净度等级影响最为严重的是（　）。

A. 触及刻面表面的小裂纹　B. 内含物颜色与钻石体色反差较大

C. 黑色内含物反射呈多重影像　D. 冠部风筝面上见较多无色云状包体

107. 切磨师在切磨钻石时应尽可能避免在钻石（　）留下内含物。

A. 风筝面　B. 星小面　C. 台面　D. 上腰小面

108. 对比度是指钻石内含物的（　）同钻石体色之间的对比程度。

A. 颜色　B. 光泽　C. 透明度　D. 以上都正确

109. 若钻石中出现较大羽状纹，其净度等级往往是（　）。

A. VS_2 级　B. SI_1 级　C. SI_2 级　D. SI 级及其以下等级

110. 检查钻石净度特征，通常应按下列（　）顺序观察确认为好。

A. 底尖—亭部—腰围—冠部　B. 冠部—亭部—底尖—腰围

C. 冠部—亭部—腰围—底尖　D. 亭部—腰围—冠部—底尖

111. 台面可见的底尖磨损，（　）。

A. 应标注在台面俯视图上　B. 应标注在冠部俯视图上

C. 应标注在亭部俯视图上　D. 不用标注图上，可用文字说明

112. 钻石净度分级前须首先（　）钻石。

A. 称重　B. 清洁　C. 拍摄　D. 绘制

113. 钻石切工分级对象主要针对（　）切工的钻石。

A. 圆钻型　B. 花式型　C. 奇特型　D. A 和 B 都正确

114. 切工比（　）更影响钻石的外观。

A. 净度　B. 色级　C. 大小　D. A 和 B 都正确

115. 钻石亭角为（　），可显示出较强的亮度。

A. 35°～40°　B. 40°～42°　C. 42°～44°　D. 44°

116. 钻石的亮度主要来自于（　）。

A. 台面　B. 风筝面　C. 星小面　D. 上腰面

117. 钻石的色散主要发生于（　）。

A. 台面　B. 风筝面　C. 星小面　D. 冠部的倾斜刻面

118. 钻石光彩的形成与（　　）有关。

A. 亮度　B. 色散　C. 闪光　D. 以上都正确

119. 艾普洛琢型的钻石也称（　　）的钻石。

A. 美国琢型　B. 德国琢型

C. 欧洲琢型　D. Scan. D. N 琢型

120. 欧洲琢型的钻石台宽比偏大，为（　　），故钻石亮度好。

A. 53%　B. 56%　C. 56.1%　D. 57.5%

121. 当腰围至台面边缘距离和台面边缘至底尖中心距离之比为 1∶1 时，钻石台宽比约为（　　）。

A. 54%　B. 60%　C. 65%　D. 69%

122. 用台影比法估测钻石亭深比，当台面影像位于底尖至台面角的 1/2 处，亭深比约为（　　）。

A. 41%　B. 43%　C. 44.5%　D. 45.5%

123. 目估钻石腰部厚度是以（　　）为标准的。

A. 上腰面与下腰面之间最窄的一段距离

B. 风筝面与亭部主刻面尖端之间的距离

C. 上腰面与亭部主刻面尖端之间的距离

D. 风筝面与下腰面之间最窄的一段距离

124. 钻石腰部的厚度通常小于（　　）mm。

A. 0.2　B. 0.3　C. 0.4　D. 0.5

125. 修饰度是评价钻石切工的一个重要方面，它包括（　　）内容。

A. 钻石比率　B. 抛光质量　C. 对称性偏差　D. B 和 C 都正确

126. 波状腰会造成钻石（　　）效应。

A. 黑底　B. 鱼眼　C. 领结　D. 单翻

127. 修饰度为“好”级别的钻石，允许 10 倍放大镜下见及（　　）。

A. 抛光纹　B. 抛光纹与钻石不圆

C. 烧痕　D. 表面纹理

128. 钻石质量大小反映了稀有程度，大于 100 ct 的钻石属（　）。

A. 格令钻　B. 大钻　C. 珍宝钻　D. 稀世钻

129. （　）质量的钻石可称 1ct 钻石。

A. 0.990 ct　B. 0.995 ct　C. 0.998 ct　D. 0.999 ct

130. 目前我国商贸上通常对成品抛光钻（　）的定为小钻，（　）的定为碎钻。

A. 0.05～0.24 ct，0.04 ct　B. 0.05～0.24 ct，≤0.04 ct

C. 0.05～0.20 ct，≤0.04 ct　D. 0.05～0.24 ct，0.02 ct

131. “ct”与“g”的换算关系为（　）。

A. 1 ct=0.10 g　B. 1 ct=0.15 g　C. 1 ct=0.2 g　D. 1 ct=0.25 g

132. Rapaport 钻石报价表中所列的钻石价格与其实际成交价格相比，（　）。

A. 前者高　B. 前者低

C. 差不多　D. 高低不一定，视具体钻石而定

133. 镶嵌圆钻的质量，通常是通过下列公式（　）估算的。

A. 平均直径×全深×0.0061　B. 平均直径^2×全深×0.0061

C. 平均直径×全深×0.061　D. 平均直径×全深×0.0061

134. 镶嵌圆钻亭部被封闭限制测量时，可用下列公式（　）求出总深度。

A. 全深比=冠高比+亭深比　B. 全深比=冠高比+腰厚比+亭深比

C. 全深比=总深度/腰围直径　D. 全深比=总深度×100%

135. 纽约钻石加工质量范围现大约在（　）ct 以上。

A. 1　B. 5　C. 2　D. 3

136. “比利时切工”的钻石即为（　）的钻石。

A. 切工精湛　B. 切工较差　C. 花式切工　D. 丘比特切工

137. “印度切工”的钻石即为（　）的钻石。

A. 切工精湛　B. 切工较差　C. 花式切工　D. 丘比特切工

138. 中国钻石加工业现主要集中在（　）。

A. 广东与山东　B. 辽宁与上海

C. 山东与上海　D. 广东、山东、上海

139. DTC 的全称是（　　）。

A. 国际钻石销售公司　　B. 国际钻石贸易公司

C. 国际钻石采购公司　　D. 国际钻石评估公司

140. 全球钻石原石约有（　　）是由 DTC 分级评价销售的。

A. 40%　　B. 50%　　C. 60%　　D. 70%

钻石检验员（四级）理论知识试卷答案

一、判断题（第 1 题～第 60 题。将判断结果填入括号中。正确的填“√”，错误的填“×”。每题 0.5 分，满分 30 分）

1. √	2. ×	3. √	4. ×	5. √	6. √	7. √	8. √	9. √
10. ×	11. ×	12. √	13. √	14. √	15. √	16. √	17. ×	18. ×
19. √	20. √	21. ×	22. √	23. √	24. √	25. √	26. √	27. √
28. √	29. √	30. √	31. √	32. √	33. ×	34. √	35. ×	36. √
37. ×	38. √	39. ×	40. √	41. √	42. √	43. √	44. √	45. √
46. ×	47. √	48. √	49. ×	50. ×	51. ×	52. ×	53. √	54. √
55. ×	56. √	57. √	58. √	59. ×	60. ×			

二、单项选择题（第 1 题～第 140 题。选择一个正确的答案，将相应的字母填入题内的括号中。每题 0.5 分，满分 70 分）

1. A	2. D	3. C	4. C	5. B	6. C	7. D	8. A	9. B
10. A	11. B	12. B	13. D	14. C	15. C	16. C	17. A	18. A
19. A	20. B	21. A	22. D	23. B	24. A	25. A	26. B	27. B
28. C	29. D	30. C	31. D	32. D	33. B	34. A	35. C	36. B
37. C	38. A	39. B	40. C	41. D	42. D	43. A	44. D	45. B
46. A	47. B	48. A	49. A	50. B	51. D	52. B	53. A	54. B
55. B	56. C	57. A	58. A	59. B	60. D	61. A	62. D	63. A
64. C	65. A	66. C	67. D	68. A	69. B	70. A	71. C	72. D
73. D	74. B	75. B	76. B	77. C	78. D	79. C	80. C	81. B
82. B	83. A	84. B	85. A	86. B	87. C	88. D	89. D	90. D
91. C	92. A	93. D	94. D	95. B	96. A	97. D	98. C	99. D
100. D	101. B	102. B	103. C	104. C	105. D	106. C	107. C	108. D
109. D	110. B	111. C	112. B	113. A	114. D	115. B	116. A	117. D

118. D　119. B　120. D　121. A　122. C　123. A　124. D　125. D　126. C
127. B　128. C　129. D　130. C　131. C　132. A　133. B　134. B　135. C
136. A　137. B　138. D　139. B　140. C

第6部分

操作技能考核模拟试卷

注 意 事 项

1. 考生根据操作技能考核通知单中所列的试题做好考核准备。

2. 请考生仔细阅读试题单中具体考核内容和要求，并按要求完成操作或进行笔答或口答，若有笔答请考生在答题卷上完成。

3. 操作技能考核时要遵守考场纪律，服从考场管理人员指挥，以保证考核安全顺利进行。

注：操作技能鉴定试题评分表及答案是考评员对考生考核过程及考核结果的评分记录表，也是评分依据。

国家职业资格鉴定

钻石检验员（四级）操作技能考核通知单

姓名：

准考证号：

考核日期：

试题代码：1.1.1。

试题名称：对钻石样品进行鉴别（一）。
考核时间：10 min。

试题代码：1. 1. 2。
试题名称：对钻石样品进行鉴别（二）。
考核时间：10 min。

试题代码：1. 2. 1。
试题名称：对钻石样品进行鉴别（一）。
考核时间：10 min。

试题代码：1. 2. 2。
试题名称：对钻石样品进行鉴别（二）。
考核时间：10 min。

试题代码：1. 2. 3。
试题名称：对钻石样品进行鉴别（三）。
考核时间：10 min。

试题代码：2. 1. 1。
试题名称：对样品进行颜色、净度和切工分级（一）。
考核时间：14 min。

试题代码：2. 2. 1。
试题名称：对样品进行颜色、净度和切工分级（五）。
考核时间：14 min。

试题代码：2. 3. 1。

试题名称：对样品进行颜色、净度和切工分级（九）。

考核时间：14 min。

试题代码：2. 4. 1。

试题名称：对样品进行颜色、净度和切工分级（十三）。

考核时间：14 min。

试题代码：2. 6. 1。

试题名称：对样品进行颜色、净度和切工分级（二十一）。

考核时间：14 min。

试题代码：3. 1. 1。

试题名称：对镶嵌钻石戒指进行综合鉴定（一）。

考核时间：15 min。

试题代码：3. 2. 1。

试题名称：对镶嵌钻石项坠进行综合鉴定（五）。

考核时间：15 min。

钻石检验员（四级）操作技能鉴定

试　题　单

试题代码：1.1.1。

试题名称：对钻石样品进行鉴别（一）。

考核时间：10 min。

1. 操作条件

（1）钻石灯。

（2）钻石比色纸槽。

（3）钻石镊子。

（4）放大镜。

（5）紫外荧光灯。

（6）电子天平。

（7）数显卡尺。

（8）热导仪。

（9）莫桑仪。

（10）擦钻布。

（11）酒精。

（12）钻石样品 1.1.1。

2. 操作内容

（1）对样品进行尺寸测量和荧光判别。

（2）用 10 倍放大镜对样品进行品种鉴别并说明判别依据。

3. 操作要求

（1）荧光观察应写出颜色类别和级别。

（2）真伪鉴别，最少列出两条以上的依据。

（3）样品定名按照国家珠宝玉石定名标准定名。

钻石检验员（四级）操作技能鉴定

试题评分表及答案

考生姓名：　　　　　　　　准考证号：

试题代码及名称		1.1.1　对宝石样品进行鉴别（一）			考核时间		10 min			
评价要素		配分	等级	评分细则	评定等级					得分
					A	B	C	D	E	
1	对样品进行尺寸测量和荧光判别	2	A	荧光的强度和颜色均描述正确，尺寸测量正确						
			B	荧光的强度和颜色均描述正确，尺寸测量错误						
			C	荧光的强度和颜色均描述错误，尺寸测量正确						
			D	尺寸测量及荧光描述错误						
			E	未答题						
2	用10倍放大镜对样品进行品种鉴别并说明判别依据	4	A	判断依据描述正确，定名也正确						
			B	未描述样品的比重特点						
			C	定名正确，但未书写判断依据						
			D	定名错误						
			E	未答题						
合计配分		6	合计得分							

考评员（签名）：

等级	A（优）	B（良）	C（及格）	D（较差）	E（未答题）
比值	1.0	0.8	0.6	0.2	0

“评价要素”得分＝配分×等级比值。

钻石检验员（四级）操作技能鉴定

试　题　单

试题代码：1.1.2。

试题名称：对钻石样品进行鉴别（二）。

考核时间：10 min。

1. 操作条件

（1）钻石灯。

（2）钻石比色纸槽。

（3）钻石镊子。

（4）放大镜。

（5）紫外荧光灯。

（6）电子天平。

（7）数显卡尺。

（8）热导仪。

（9）莫桑仪。

（10）擦钻布。

（11）酒精。

（12）钻石样品1.1.2。

2. 操作内容

（1）对样品进行尺寸测量和荧光判别。

（2）用10倍放大镜对样品进行品种鉴别并说明判别依据。

3. 操作要求

（1）荧光观察应写出颜色类别和级别。

（2）真伪鉴别，最少列出两条以上的依据。

（3）样品定名按照国家珠宝玉石定名标准定名。

钻石检验员（四级）操作技能鉴定

试题评分表及答案

考生姓名：　　　　　　　　准考证号：

<table>
<tr><td colspan="2">试题代码及名称</td><td colspan="3">1.1.2　对宝石样品进行鉴别（二）</td><td colspan="3">考核时间</td><td colspan="3">10 min</td></tr>
<tr><td colspan="2" rowspan="2">评价要素</td><td rowspan="2">配分</td><td rowspan="2">等级</td><td rowspan="2">评分细则</td><td colspan="5">评定等级</td><td rowspan="2">得分</td></tr>
<tr><td>A</td><td>B</td><td>C</td><td>D</td><td>E</td></tr>
<tr><td rowspan="5">1</td><td rowspan="5">对样品进行尺寸测量和荧光判别</td><td rowspan="5">2</td><td>A</td><td>荧光的强度和颜色均描述正确，尺寸测量正确</td><td rowspan="5"></td><td rowspan="5"></td><td rowspan="5"></td><td rowspan="5"></td><td rowspan="5"></td><td rowspan="5"></td></tr>
<tr><td>B</td><td>荧光的强度和颜色均描述正确，尺寸测量错误</td></tr>
<tr><td>C</td><td>荧光的强度和颜色均描述错误，尺寸测量正确</td></tr>
<tr><td>D</td><td>尺寸测量及荧光描述错误</td></tr>
<tr><td>E</td><td>未答题</td></tr>
<tr><td rowspan="5">2</td><td rowspan="5">用10倍放大镜对样品进行品种鉴别并说明判别依据</td><td rowspan="5">4</td><td>A</td><td>判断依据描述正确，定名也正确</td><td rowspan="5"></td><td rowspan="5"></td><td rowspan="5"></td><td rowspan="5"></td><td rowspan="5"></td><td rowspan="5"></td></tr>
<tr><td>B</td><td>未描述样品的比重特点</td></tr>
<tr><td>C</td><td>定名正确，但未书写判断依据</td></tr>
<tr><td>D</td><td>定名错误</td></tr>
<tr><td>E</td><td>未答题</td></tr>
<tr><td colspan="2">合计配分</td><td>6</td><td colspan="7">合计得分</td><td></td></tr>
</table>

考评员（签名）：

等级	A（优）	B（良）	C（及格）	D（较差）	E（未答题）
比值	1.0	0.8	0.6	0.2	0

“评价要素”得分＝配分×等级比值。

钻石检验员（四级）操作技能鉴定

试　题　单

试题代码：1.2.1。

试题名称：对钻石样品进行鉴别（一）。

考核时间：10 min。

1. 操作条件

(1) 钻石灯。

(2) 钻石比色纸槽。

(3) 钻石镊子。

(4) 放大镜。

(5) 紫外荧光灯。

(6) 电子天平。

(7) 数显卡尺。

(8) 热导仪。

(9) 莫桑仪。

(10) 擦钻布。

(11) 酒精。

(12) 钻石样品 1.2.1。

2. 操作内容

(1) 对样品进行尺寸测量和荧光判别。

(2) 用 10 倍放大镜对样品进行品种鉴别并说明判别依据。

3. 操作要求

(1) 荧光观察应写出颜色类别和级别。

(2) 真伪鉴别，最少列出两条以上的依据。

(3) 样品定名按照国家珠宝玉石定名标准定名。

钻石检验员（四级）操作技能鉴定

试题评分表及答案

考生姓名： 准考证号：

试题代码及名称				1.2.1 对钻石样品进行鉴别（一）	考核时间			10 min		
评价要素		配分	等级	评分细则	评定等级					得分
					A	B	C	D	E	
1	对样品进行尺寸测量和荧光判别	2	A	荧光的强度和颜色均描述正确，尺寸测量正确						
			B	荧光的强度和颜色均描述正确，尺寸测量错误						
			C	荧光的强度和颜色均描述错误，尺寸测量正确						
			D	尺寸测量及荧光描述错误						
			E	未答题						
2	用10倍放大镜对样品进行品种鉴别并说明判别依据	4	A	判断依据描述正确，定名也正确						
			B	未描述样品的比重特点						
			C	定名正确，但未书写判断依据						
			D	定名错误						
			E	未答题						
合计配分		6		合计得分						

考评员（签名）：

等级	A（优）	B（良）	C（及格）	D（较差）	E（未答题）
比值	1.0	0.8	0.6	0.2	0

“评价要素”得分=配分×等级比值。

钻石检验员（四级）操作技能鉴定

试　题　单

试题代码：1.2.2。

试题名称：对钻石样品进行鉴别（二）。

考核时间：10 min。

1. 操作条件

（1）钻石灯。

（2）钻石比色纸槽。

（3）钻石镊子。

（4）放大镜。

（5）紫外荧光灯。

（6）电子天平。

（7）数显卡尺。

（8）热导仪。

（9）莫桑仪。

（10）擦钻布。

（11）酒精。

（12）钻石样品 1.2.2。

2. 操作内容

（1）对样品进行尺寸测量和荧光判别。

（2）用10倍放大镜对样品进行品种鉴别并说明判别依据。

3. 操作要求

（1）荧光观察应写出颜色类别和级别。

（2）真伪鉴别，最少列出两条以上的依据。

（3）样品定名按照国家珠宝玉石定名标准定名。

钻石检验员（四级）操作技能鉴定

试题评分表及答案

考生姓名：　　　　　　　准考证号：

试题代码及名称		1.2.2　对钻石样品进行鉴别（二）			考核时间			10 min		
评价要素		配分	等级	评分细则	评定等级					得分
					A	B	C	D	E	
1	对样品进行尺寸测量和荧光判别	2	A	荧光的强度和颜色均描述正确，尺寸测量正确						
			B	荧光的强度和颜色均描述正确，尺寸测量错误						
			C	荧光的强度和颜色均描述错误，尺寸测量正确						
			D	尺寸测量及荧光描述错误						
			E	未答题						
2	用10倍放大镜对样品进行品种鉴别并说明判别依据	4	A	判断依据描述正确，定名也正确						
			B	未描述样品的比重特点						
			C	定名正确，但未书写判断依据						
			D	定名错误						
			E	未答题						
合计配分		6	合计得分							

考评员（签名）：

等级	A（优）	B（良）	C（及格）	D（较差）	E（未答题）
比值	1.0	0.8	0.6	0.2	0

“评价要素”得分＝配分×等级比值。

钻石检验员（四级）操作技能鉴定

试　题　单

试题代码：1.2.3。

试题名称：对钻石样品进行鉴别（三）。

考核时间：10 min。

1. 操作条件

（1）钻石灯。

（2）钻石比色纸槽。

（3）钻石镊子。

（4）放大镜。

（5）紫外荧光灯。

（6）电子天平。

（7）数显卡尺。

（8）热导仪。

（9）莫桑仪。

（10）擦钻布。

（11）酒精。

（12）钻石样品 1.2.3。

2. 操作内容

（1）对样品进行尺寸测量和荧光判别。

（2）用10倍放大镜对样品进行品种鉴别并说明判别依据。

3. 操作要求

（1）荧光观察应写出颜色类别和级别。

（2）真伪鉴别，最少列出两条以上的依据。

（3）样品定名按照国家珠宝玉石定名标准定名。

钻石检验员（四级）操作技能鉴定

试题评分表及答案

考生姓名：　　　　　　　　　准考证号：

<table>
<tr><td colspan="2">试题代码及名称</td><td colspan="3">1.2.3　对钻石样品进行鉴别（三）</td><td colspan="3">考核时间</td><td colspan="3">10 min</td></tr>
<tr><td colspan="2" rowspan="2">评价要素</td><td rowspan="2">配分</td><td rowspan="2">等级</td><td rowspan="2">评分细则</td><td colspan="5">评定等级</td><td rowspan="2">得分</td></tr>
<tr><td>A</td><td>B</td><td>C</td><td>D</td><td>E</td></tr>
<tr><td rowspan="5">1</td><td rowspan="5">对样品进行尺寸测量和荧光判别</td><td rowspan="5">2</td><td>A</td><td>荧光的强度和颜色均描述正确，尺寸测量正确</td><td rowspan="5"></td><td rowspan="5"></td><td rowspan="5"></td><td rowspan="5"></td><td rowspan="5"></td><td rowspan="5"></td></tr>
<tr><td>B</td><td>荧光的强度和颜色均描述正确，尺寸测量错误</td></tr>
<tr><td>C</td><td>荧光的强度和颜色均描述错误，尺寸测量正确</td></tr>
<tr><td>D</td><td>尺寸测量及荧光描述错误</td></tr>
<tr><td>E</td><td>未答题</td></tr>
<tr><td rowspan="5">2</td><td rowspan="5">用10倍放大镜对样品进行品种鉴别并说明判别依据</td><td rowspan="5">4</td><td>A</td><td>判断依据描述正确，定名也正确</td><td rowspan="5"></td><td rowspan="5"></td><td rowspan="5"></td><td rowspan="5"></td><td rowspan="5"></td><td rowspan="5"></td></tr>
<tr><td>B</td><td>未描述样品的比重特点</td></tr>
<tr><td>C</td><td>定名正确，但未书写判断依据</td></tr>
<tr><td>D</td><td>定名错误</td></tr>
<tr><td>E</td><td>未答题</td></tr>
<tr><td colspan="2">合计配分</td><td>6</td><td colspan="7">合计得分</td><td></td></tr>
</table>

考评员（签名）：

等级	A（优）	B（良）	C（及格）	D（较差）	E（未答题）
比值	1.0	0.8	0.6	0.2	0

“评价要素”得分＝配分×等级比值。

钻石检验员（四级）操作技能鉴定

试　题　单

试题代码：2.1.1。

试题名称：对样品进行颜色、净度和切工分级（一）。

考核时间：14 min。

1. 操作条件

（1）钻石灯。

（2）钻石比色纸槽。

（3）比色石。

（4）钻石镊子。

（5）放大镜。

（6）紫外荧光灯。

（7）电子天平。

（8）数显卡尺。

（9）擦钻布。

（10）酒精。

（11）样品 2.1.1。

2. 操作内容

（1）用紫外荧光灯对钻石荧光进行检测。

（2）对钻石荧光进行判别。

（3）用比色石对钻石颜色级别进行检测。

（4）对钻石颜色级别进行判别。

（5）用10倍放大镜对钻石净度进行检测。

（6）对钻石净度级别进行判别。

（7）用10倍放大镜对钻石进行台宽比、腰厚比和亭深比的估算。

（8）用 10 倍放大镜对钻石进行切工综合评价。

3. 操作要求

（1）荧光观察应写出颜色类别和级别。

（2）颜色级别判断可以有 1～2 个级别的误差。

（3）净度级别判断不可跨级。

（4）对钻石进行台宽比、腰厚比和亭深比的估算，钻石各部位切工比率的判断准确（误差范围在±2%），并对钻石切工综合评价。

钻石检验员（四级）操作技能鉴定

试题评分表及答案

考生姓名： 准考证号：

试题代码及名称		2.1.1 对样品进行颜色、净度和切工分级（一）			考核时间			14 min		
评价要素		配分	等级	评分细则	评定等级					得分
					A	B	C	D	E	
1	1. 用紫外荧光灯对钻石荧光进行检测 2. 对钻石荧光进行判别	2	A	钻石荧光强度及颜色均描述正确						
			B	钻石荧光颜色描述正确，但钻石荧光强度描述不正确						
			C	钻石荧光强度描述正确，但颜色描述不正确						
			D	钻石荧光强度及颜色均描述不正确						
			E	未答题						
2	1. 用比色石对钻石颜色级别进行检测 2. 对钻石颜色级别进行判别	2	A	颜色级别判断正确						
			B	颜色级别判断为相邻级别						
			C	颜色级别判断为跨级别						
			D	颜色级别判断不正确						
			E	未答题						
3	1. 用10倍放大镜对钻石净度进行检测 2. 对钻石净度级别进行判别	2	A	净度级别判断正确						
			B	净度级别判断为相邻级别，相邻级别为小级别						
			C	净度级别判断错误，跨一个小级别或为相邻大级别						
			D	净度级别判断不正确						
			E	未答题						

续表

试题代码及名称		2.1.1 对样品进行颜色、净度和切工分级（一）			考核时间			14 min		
评价要素		配分	等级	评分细则	评定等级					得分
					A	B	C	D	E	
4	1. 用10倍放大镜对钻石进行台宽比、腰厚比和亭深比的估算 2. 用10倍放大镜对钻石进行切工综合评价	4	A	钻石各部位切工比率的判断准确（误差范围在±2%），钻石切工综合评价准确						
			B	钻石各部位切工比率的判断有误差（误差范围在±1%），钻石切工综合评价基本准确						
			C	钻石各部位切工比率的判断有误差（误差范围在±2%），钻石切工综合评价基本准确						
			D	钻石各部位切工比率的判断错误，钻石切工综合评价错误						
			E	未答题						
合计配分		10		合计得分						

考评员（签名）：

等级	A（优）	B（良）	C（及格）	D（较差）	E（未答题）
比值	1.0	0.8	0.6	0.2	0

“评价要素”得分＝配分×等级比值。

钻石检验员（四级）操作技能鉴定

试　题　单

试题代码：2.2.1。

试题名称：对样品进行颜色、净度和切工分级（五）。

考核时间：14 min。

1. 操作条件

（1）钻石灯。

（2）钻石比色纸槽。

（3）比色石。

（4）钻石镊子。

（5）放大镜。

（6）紫外荧光灯。

（7）电子天平。

（8）数显卡尺。

（9）擦钻布。

（10）酒精。

（11）样品 2.2.1。

2. 操作内容

（1）用紫外荧光灯对钻石荧光进行检测。

（2）对钻石荧光进行判别。

（3）用比色石对钻石颜色级别进行检测。

（4）对钻石颜色级别进行判别。

（5）用 10 倍放大镜对钻石净度进行检测。

（6）对钻石净度级别进行判别。

（7）用 10 倍放大镜对钻石进行台宽比、腰厚比和亭深比的估算。

（8）用10倍放大镜对钻石进行切工综合评价。

3. 操作要求

（1）荧光观察应写出颜色类别和级别。

（2）颜色级别判断可以有1～2个级别的误差。

（3）净度级别判断不可跨级。

（4）对钻石进行台宽比、腰厚比和亭深比的估算，钻石各部位切工比率的判断准确（误差范围在±2%），并对钻石切工综合评价。

钻石检验员（四级）操作技能鉴定

试题评分表及答案

考生姓名：　　　　　　　　准考证号：

<table>
<tr><td colspan="2">试题代码及名称</td><td colspan="3">2.2.1　对样品进行颜色、净度和切工分级（五）</td><td colspan="3">考核时间</td><td colspan="3">14 min</td></tr>
<tr><td colspan="2" rowspan="2">评价要素</td><td rowspan="2">配分</td><td rowspan="2">等级</td><td rowspan="2">评分细则</td><td colspan="5">评定等级</td><td rowspan="2">得分</td></tr>
<tr><td>A</td><td>B</td><td>C</td><td>D</td><td>E</td></tr>
<tr><td rowspan="5">1</td><td rowspan="5">1. 用紫外荧光灯对钻石荧光进行检测
2. 对钻石荧光进行判别</td><td rowspan="5">2</td><td>A</td><td>钻石荧光强度及颜色均描述正确</td><td rowspan="5"></td><td rowspan="5"></td><td rowspan="5"></td><td rowspan="5"></td><td rowspan="5"></td><td rowspan="5"></td></tr>
<tr><td>B</td><td>钻石荧光颜色描述正确，但钻石荧光强度描述不正确</td></tr>
<tr><td>C</td><td>钻石荧光强度描述正确，但颜色描述不正确</td></tr>
<tr><td>D</td><td>钻石荧光强度及颜色均描述不正确</td></tr>
<tr><td>E</td><td>未答题</td></tr>
<tr><td rowspan="5">2</td><td rowspan="5">1. 用比色石对钻石颜色级别进行检测
2. 对钻石颜色级别进行判别</td><td rowspan="5">2</td><td>A</td><td>颜色级别判断正确</td><td rowspan="5"></td><td rowspan="5"></td><td rowspan="5"></td><td rowspan="5"></td><td rowspan="5"></td><td rowspan="5"></td></tr>
<tr><td>B</td><td>颜色级别判断为相邻级别</td></tr>
<tr><td>C</td><td>颜色级别判断为跨级别</td></tr>
<tr><td>D</td><td>颜色级别判断不正确</td></tr>
<tr><td>E</td><td>未答题</td></tr>
<tr><td rowspan="5">3</td><td rowspan="5">1. 用 10 倍放大镜对钻石净度进行检测
2. 对钻石净度级别进行判别</td><td rowspan="5">2</td><td>A</td><td>净度级别判断正确</td><td rowspan="5"></td><td rowspan="5"></td><td rowspan="5"></td><td rowspan="5"></td><td rowspan="5"></td><td rowspan="5"></td></tr>
<tr><td>B</td><td>净度级别判断为相邻级别，相邻级别为小级别</td></tr>
<tr><td>C</td><td>净度级别判断错误，跨一个小级别或为相邻大级别</td></tr>
<tr><td>D</td><td>净度级别判断不正确</td></tr>
<tr><td>E</td><td>未答题</td></tr>
</table>

续表

试题代码及名称		2.2.1 对样品进行颜色、净度和切工分级（五）			考核时间			14 min		
评价要素		配分	等级	评分细则	评定等级					得分
					A	B	C	D	E	
4	1. 用10倍放大镜对钻石进行台宽比、腰厚比和亭深比的估算 2. 用10倍放大镜对钻石进行切工综合评价	4	A	钻石各部位切工比率的判断准确（误差范围在±2%），钻石切工综合评价准确						
			B	钻石各部位切工比率的判断有误差（误差范围在±1%），钻石切工综合评价基本准确						
			C	钻石各部位切工比率的判断有误差（误差范围在±2%），钻石切工综合评价基本准确						
			D	钻石各部位切工比率的判断错误，钻石切工综合评价错误						
			E	未答题						
合计配分		10	合计得分							

考评员（签名）：

等级	A（优）	B（良）	C（及格）	D（较差）	E（未答题）
比值	1.0	0.8	0.6	0.2	0

“评价要素”得分＝配分×等级比值。

钻石检验员（四级）操作技能鉴定

试　题　单

试题代码：2. 3. 1。

试题名称：对样品进行颜色、净度和切工分级（九）。

考核时间：14 min。

1. 操作条件

（1）钻石灯。

（2）钻石比色纸槽。

（3）比色石。

（4）钻石镊子。

（5）放大镜。

（6）紫外荧光灯。

（7）电子天平。

（8）数显卡尺。

（9）擦钻布。

（10）酒精。

（11）样品 2. 3. 1。

2. 操作内容

（1）用紫外荧光灯对钻石荧光进行检测。

（2）对钻石荧光进行判别。

（3）用比色石对钻石颜色级别进行检测。

（4）对钻石颜色级别进行判别。

（5）用 10 倍放大镜对钻石净度进行检测。

（6）对钻石净度级别进行判别。

（7）用 10 倍放大镜对钻石进行台宽比、腰厚比和亭深比的估算。

（8）用 10 倍放大镜对钻石进行切工综合评价。

3. 操作要求

（1）荧光观察应写出颜色类别和级别。

（2）颜色级别判断可以有 1～2 个级别的误差。

（3）净度级别判断不可跨级。

（4）对钻石进行台宽比、腰厚比和亭深比的估算，钻石各部位切工比率的判断准确（误差范围在±2%），并对钻石切工综合评价。

钻石检验员（四级）操作技能鉴定

试题评分表及答案

考生姓名：　　　　　　　　准考证号：

试题代码及名称		2.3.1　对样品进行颜色、净度和切工分级（九）			考核时间		14 min			
	评价要素	配分	等级	评分细则	评定等级					得分
					A	B	C	D	E	
1	1. 用紫外荧光灯对钻石荧光进行检测 2. 对钻石荧光进行判别	2	A	钻石荧光强度及颜色均描述正确						
			B	钻石荧光颜色描述正确，但钻石荧光强度描述不正确						
			C	钻石荧光强度描述正确，但颜色描述不正确						
			D	钻石荧光强度及颜色均描述不正确						
			E	未答题						
2	1. 用比色石对钻石颜色级别进行检测 2. 对钻石颜色级别进行判别	2	A	颜色级别判断正确						
			B	颜色级别判断为相邻级别						
			C	颜色级别判断为跨级别						
			D	颜色级别判断不正确						
			E	未答题						
3	1. 用 10 倍放大镜对钻石净度进行检测 2. 对钻石净度级别进行判别	2	A	净度级别判断正确						
			B	净度级别判断为相邻级别，相邻级别为小级别						
			C	净度级别判断错误，跨一个小级别或为相邻大级别						
			D	净度级别判断不正确						
			E	未答题						

续表

<table>
<tr><td colspan="2">试题代码及名称</td><td colspan="3">2.3.1 对样品进行颜色、净度和切工分级（九）</td><td colspan="2">考核时间</td><td colspan="4">14 min</td></tr>
<tr><td colspan="2" rowspan="2">评价要素</td><td rowspan="2">配分</td><td rowspan="2">等级</td><td rowspan="2">评分细则</td><td colspan="5">评定等级</td><td rowspan="2">得分</td></tr>
<tr><td>A</td><td>B</td><td>C</td><td>D</td><td>E</td></tr>
<tr><td rowspan="5">4</td><td rowspan="5">1. 用10倍放大镜对钻石进行台宽比、腰厚比和亭深比的估算
2. 用10倍放大镜对钻石进行切工综合评价</td><td rowspan="5">4</td><td>A</td><td>钻石各部位切工比率的判断准确（误差范围在±2%），钻石切工综合评价准确</td><td rowspan="5"></td><td rowspan="5"></td><td rowspan="5"></td><td rowspan="5"></td><td rowspan="5"></td><td rowspan="5"></td></tr>
<tr><td>B</td><td>钻石各部位切工比率的判断有误差（误差范围在±1%），钻石切工综合评价基本准确</td></tr>
<tr><td>C</td><td>钻石各部位切工比率的判断有误差（误差范围在±2%），钻石切工综合评价基本准确</td></tr>
<tr><td>D</td><td>钻石各部位切工比率的判断错误，钻石切工综合评价错误</td></tr>
<tr><td>E</td><td>未答题</td></tr>
<tr><td colspan="2">合计配分</td><td>10</td><td colspan="2">合计得分</td><td colspan="6"></td></tr>
</table>

考评员（签名）：

等级	A（优）	B（良）	C（及格）	D（较差）	E（未答题）
比值	1.0	0.8	0.6	0.2	0

“评价要素”得分＝配分×等级比值。

钻石检验员（四级）操作技能鉴定

试　题　单

试题代码：2.4.1。

试题名称：对样品进行颜色、净度和切工分级（十三）。

考核时间：14 min。

1. 操作条件

（1）钻石灯。

（2）钻石比色纸槽。

（3）比色石。

（4）钻石镊子。

（5）放大镜。

（6）紫外荧光灯。

（7）电子天平。

（8）数显卡尺。

（9）擦钻布。

（10）酒精。

（11）样品 2.4.1。

2. 操作内容

（1）用紫外荧光灯对钻石荧光进行检测。

（2）对钻石荧光进行判别。

（3）用比色石对钻石颜色级别进行检测。

（4）对钻石颜色级别进行判别。

（5）用 10 倍放大镜对钻石净度进行检测。

（6）对钻石净度级别进行判别。

（7）用 10 倍放大镜对钻石进行台宽比、腰厚比和亭深比的估算。

（8）用10倍放大镜对钻石进行切工综合评价。

3. 操作要求

（1）荧光观察应写出颜色类别和级别。

（2）颜色级别判断可以有1～2个级别的误差。

（3）净度级别判断不可跨级。

（4）对钻石进行台宽比、腰厚比和亭深比的估算，钻石各部位切工比率的判断准确（误差范围在±2%），并对钻石切工综合评价。

钻石检验员（四级）操作技能鉴定

试题评分表及答案

考生姓名：　　　　　　　　准考证号：

试题代码及名称		2.4.1　对样品进行颜色、净度和切工分级（十三）			考核时间		14 min			
评价要素		配分	等级	评分细则	评定等级					得分
					A	B	C	D	E	
1	1. 用紫外荧光灯对钻石荧光进行检测 2. 对钻石荧光进行判别	2	A	钻石荧光强度及颜色均描述正确						
			B	钻石荧光颜色描述正确，但钻石荧光强度描述不正确						
			C	钻石荧光强度描述正确，但颜色描述不正确						
			D	钻石荧光强度及颜色均描述不正确						
			E	未答题						
2	1. 用比色石对钻石颜色级别进行检测 2. 对钻石颜色级别进行判别	2	A	颜色级别判断正确						
			B	颜色级别判断为相邻级别						
			C	颜色级别判断为跨级别						
			D	颜色级别判断不正确						
			E	未答题						
3	1. 用 10 倍放大镜对钻石净度进行检测 2. 对钻石净度级别进行判别	2	A	净度级别判断正确						
			B	净度级别判断为相邻级别，相邻级别为小级别						
			C	净度级别判断错误，跨一个小级别或为相邻大级别						
			D	净度级别判断不正确						
			E	未答题						

续表

<table>
<tr><td colspan="2">试题代码及名称</td><td colspan="3">2.4.1　对样品进行颜色、净度和切工分级（十三）</td><td colspan="3">考核时间</td><td colspan="3">14 min</td></tr>
<tr><td colspan="2" rowspan="2">评价要素</td><td rowspan="2">配分</td><td rowspan="2">等级</td><td rowspan="2">评分细则</td><td colspan="5">评定等级</td><td rowspan="2">得分</td></tr>
<tr><td>A</td><td>B</td><td>C</td><td>D</td><td>E</td></tr>
<tr><td rowspan="5">4</td><td rowspan="5">1. 用 10 倍放大镜对钻石进行台宽比、腰厚比和亭深比的估算
2. 用 10 倍放大镜对钻石进行切工综合评价</td><td rowspan="5">4</td><td>A</td><td>钻石各部位切工比率的判断准确（误差范围在±2%），钻石切工综合评价准确</td><td rowspan="5"></td><td rowspan="5"></td><td rowspan="5"></td><td rowspan="5"></td><td rowspan="5"></td><td rowspan="5"></td></tr>
<tr><td>B</td><td>钻石各部位切工比率的判断有误差（误差范围在±1%），钻石切工综合评价基本准确</td></tr>
<tr><td>C</td><td>钻石各部位切工比率的判断有误差（误差范围在±2%），钻石切工综合评价基本准确</td></tr>
<tr><td>D</td><td>钻石各部位切工比率的判断错误，钻石切工综合评价错误</td></tr>
<tr><td>E</td><td>未答题</td></tr>
<tr><td colspan="2">合计配分</td><td>10</td><td colspan="8">合计得分</td></tr>
</table>

考评员（签名）：

等级	A（优）	B（良）	C（及格）	D（较差）	E（未答题）
比值	1.0	0.8	0.6	0.2	0

“评价要素”得分＝配分×等级比值。

钻石检验员（四级）操作技能鉴定

试 题 单

试题代码：2.6.1。

试题名称：对样品进行颜色、净度和切工分级（二十一）。

考核时间：14 min。

1. 操作条件

（1）钻石灯。

（2）钻石比色纸槽。

（3）比色石。

（4）钻石镊子。

（5）放大镜。

（6）紫外荧光灯。

（7）电子天平。

（8）数显卡尺。

（9）擦钻布。

（10）酒精。

（11）样品 2.6.1。

2. 操作内容

（1）用紫外荧光灯对钻石荧光进行检测。

（2）对钻石荧光进行判别。

（3）用比色石对钻石颜色级别进行检测。

（4）对钻石颜色级别进行判别。

（5）用10倍放大镜对钻石净度进行检测。

（6）对钻石净度级别进行判别。

（7）用10倍放大镜对钻石进行台宽比、腰厚比和亭深比的估算。

（8）用 10 倍放大镜对钻石进行切工综合评价。

3. 操作要求

（1）荧光观察应写出颜色类别和级别。

（2）颜色级别判断可以有 1～2 个级别的误差。

（3）净度级别判断不可跨级。

（4）对钻石进行台宽比、腰厚比和亭深比的估算，钻石各部位切工比率的判断准确（误差范围在±2%），并对钻石切工综合评价。

钻石检验员（四级）操作技能鉴定

试题评分表及答案

考生姓名：　　　　　　　　准考证号：

试题代码及名称		2.6.1　对样品进行颜色、净度和切工分级（二十一）			考核时间			14 min		
评价要素		配分	等级	评分细则	评定等级					得分
					A	B	C	D	E	
1	1. 用紫外荧光灯对钻石荧光进行检测 2. 对钻石荧光进行判别	2	A	钻石荧光强度及颜色均描述正确						
			B	钻石荧光颜色描述正确，但钻石荧光强度描述不正确						
			C	钻石荧光强度描述正确，但颜色描述不正确						
			D	钻石荧光强度及颜色均描述不正确						
			E	未答题						
2	1. 用比色石对钻石颜色级别进行检测 2. 对钻石颜色级别进行判别	2	A	颜色级别判断正确						
			B	颜色级别判断为相邻级别						
			C	颜色级别判断为跨级别						
			D	颜色级别判断不正确						
			E	未答题						
3	1. 用 10 倍放大镜对钻石净度进行检测 2. 对钻石净度级别进行判别	2	A	净度级别判断正确						
			B	净度级别判断为相邻级别，相邻级别为小级别						
			C	净度级别判断错误，跨一个小级别或为相邻大级别						
			D	净度级别判断不正确						
			E	未答题						

续表

试题代码及名称		2.6.1 对样品进行颜色、净度和切工分级（二十一）			考核时间			14 min		
评价要素		配分	等级	评分细则	评定等级					得分
					A	B	C	D	E	
4	1. 用10倍放大镜对钻石进行台宽比、腰厚比和亭深比的估算 2. 用10倍放大镜对钻石进行切工综合评价	4	A	钻石各部位切工比率的判断准确（误差范围在±2%），钻石切工综合评价准确						
			B	钻石各部位切工比率的判断有误差（误差范围在±1%），钻石切工综合评价基本准确						
			C	钻石各部位切工比率的判断有误差（误差范围在±2%），钻石切工综合评价基本准确						
			D	钻石各部位切工比率的判断错误，钻石切工综合评价错误						
			E	未答题						
合计配分		10		合计得分						

考评员（签名）：

等级	A（优）	B（良）	C（及格）	D（较差）	E（未答题）
比值	1.0	0.8	0.6	0.2	0

“评价要素”得分＝配分×等级比值。

钻石检验员（四级）操作技能鉴定

试　题　单

试题代码：3.1.1。

试题名称：对镶嵌钻石戒指进行综合鉴定（一）。

考核时间：15 min。

1. 操作条件

（1）钻石灯。

（2）钻石比色纸槽。

（3）比色石。

（4）钻石镊子。

（5）放大镜。

（6）紫外荧光灯。

（7）电子天平。

（8）数显卡尺。

（9）擦钻布。

（10）酒精。

（11）镶嵌钻石戒指 3.1.1。

2. 操作内容

（1）用紫外荧光灯对钻石荧光进行检测。

（2）对钻石荧光进行判别。

（3）用比色石对钻石颜色级别进行检测。

（4）对钻石颜色级别进行判别。

（5）用 10 倍放大镜对钻石净度进行检测。

（6）对钻石净度级别进行判别。

（7）用 10 倍放大镜对钻石进行品质级别判别。

（8）用 10 倍放大镜对钻石进行镶嵌工艺综合评价。

3. 操作要求

（1）荧光观察应写出颜色类别和级别。

（2）颜色级别判断可以有两个级别的误差。

（3）净度级别判断不可跨大级。

（4）对钻石镶嵌工艺综合评价应包含：周正性、平服性和牢固性判断及综合评价。

钻石检验员（四级）操作技能鉴定

试题评分表及答案

考生姓名：　　　　　　　　准考证号：

试题代码及名称	3.1.1　对镶嵌钻石戒指进行综合鉴定（一）			考核时间					15 min
评价要素	配分	等级	评分细则	评定等级					得分
				A	B	C	D	E	
1. 用 10 倍放大镜对镶嵌首饰进行颜色级别、净度级别和品质分级 2. 用 10 倍放大镜对镶嵌首饰进行镶嵌工艺综合评价	10	A	颜色级别判断正确，净度级别判断正确，品质分级判断正确，镶嵌首饰镶嵌工艺评价正确						
		B	颜色级别判断为相邻级别，净度级别判断为相邻级别，品质分级判断错误，镶嵌首饰镶嵌工艺评价正确						
		C	颜色级别判断为跨级别，净度级别判断为跨级别，品质分级判断错误，镶嵌首饰镶嵌工艺评价错误						
		D	颜色级别、净度级别、品质分级，镶嵌首饰镶嵌工艺评价错误						
		E	未答题						
合计配分	10		合计得分						

考评员（签名）：

等级	A（优）	B（良）	C（及格）	D（较差）	E（未答题）
比值	1.0	0.8	0.6	0.2	0

“评价要素”得分＝配分×等级比值。

钻石检验员（四级）操作技能鉴定

试 题 单

试题代码：3.2.1。

试题名称：对镶嵌钻石项坠进行综合鉴定（五）。

考核时间：15min。

1. 操作条件

（1）钻石灯。

（2）钻石比色纸槽。

（3）比色石。

（4）钻石镊子。

（5）放大镜。

（6）紫外荧光灯。

（7）电子天平。

（8）数显卡尺。

（9）擦钻布。

（10）酒精。

（11）镶嵌项坠戒指 3.2.1。

2. 操作内容

（1）用紫外荧光灯对钻石荧光进行检测。

（2）对钻石荧光进行判别。

（3）用比色石对钻石颜色级别进行检测。

（4）对钻石颜色级别进行判别。

（5）用 10 倍放大镜对钻石净度进行检测。

（6）对钻石净度级别进行判别。

（7）用 10 倍放大镜对钻石进行品质级别判别。

（8）用10倍放大镜对钻石进行镶嵌工艺综合评价。

3. 操作要求

（1）荧光观察应写出颜色类别和级别。

（2）颜色级别判断可以有两个级别的误差。

（3）净度级别判断不可跨大级。

（4）对钻石镶嵌工艺综合评价应包含：周正性、平服性和牢固性判断及综合评价。

钻石检验员（四级）操作技能鉴定

试题评分表及答案

考生姓名：　　　　　　　　准考证号：

试题代码及名称	3.2.1　对镶嵌钻石项坠进行综合鉴定（五）			考核时间			15 min		
评价要素	配分	等级	评分细则	评定等级					得分
				A	B	C	D	E	
1. 用10倍放大镜对镶嵌首饰进行颜色级别、净度级别和品质分级 2. 用10倍放大镜对镶嵌首饰进行镶嵌工艺综合评价	10	A	颜色级别判断正确，净度级别判断正确，品质分级判断正确，镶嵌首饰镶嵌工艺评价正确						
		B	颜色级别判断为相邻级别，净度级别判断为相邻级别，品质分级判断错误，镶嵌首饰镶嵌工艺评价正确						
		C	颜色级别判断为跨级别，净度级别判断为跨级别，品质分级判断错误，镶嵌首饰镶嵌工艺评价错误						
		D	颜色级别、净度级别、品质分级和镶嵌首饰镶嵌工艺评价错误						
		E	未答题						
合计配分	10		合计得分						

考评员（签名）：

等级	A（优）	B（良）	C（及格）	D（较差）	E（未答题）
比值	1.0	0.8	0.6	0.2	0

“评价要素”得分＝配分×等级比值。